# 中国摩天大楼建设与发展研究报告

CHINESE SKYSCRAPER CONSTRUCTION & DEVELOPMENT RESEARCH REPORT

同济大学复杂工程管理研究院　主编

中国建筑工业出版社

**图书在版编目（CIP）数据**

中国摩天大楼建设与发展研究报告／同济大学复杂工程管理研究院主编 . —北京：中国建筑工业出版社，2013.9
ISBN 978-7-112-15616-0

Ⅰ.①中… Ⅱ.①同… Ⅲ.①高层建筑 — 研究报告 — 中国 Ⅳ.①TU972.2

中国版本图书馆CIP数据核字（2013）第162052号

本书是我国第一本系统研究摩天大楼建设与发展的专题报告，全书共分为9章，分别从历史视角、经济视角、文化视角、城市视角、产业视角、工程视角、成本视角、未来视角、公众视角九个视角分析摩天大楼建设的各种问题及成因，对大型工程项目的决策者及工程管理行业从业人员都具有很强的参考价值。

\* \* \*

责任编辑：孙立波　张国友　牛　松
责任校对：张　颖　赵　颖

**中国摩天大楼建设与发展研究报告**
同济大学复杂工程管理研究院　主编
\*
中国建筑工业出版社出版、发行（北京西郊百万庄）
各地新华书店、建筑书店经销
北京京点设计公司制版
北京盛通印刷股份有限公司印刷
\*
开本：787×960 毫米　1/16　印张：11¼　字数：196 千字
2013 年11月第一版　2013 年11月第一次印刷
定价：**88.00** 元
ISBN 978-7-112-15616-0
（24245）

# 《中国摩天大楼建设与发展研究报告》编委会

# 同济大学复杂工程管理研究院简介

同济大学复杂工程管理研究院是全国第一所以工程系统复杂性及复杂工程建设、运营管理为研究对象的专业研究机构。研究院通过政学产研相结合，融合多种学科，实现工程管理理论研究与复杂工程建设实践的深度结合与高度统一，为我国工程管理创新提供理论支撑，为社会提供复杂工程管理技术支持，为行业提供复合型高级工程管理人才。研究院下设精益建设研究中心、设施管理研究中心、组织仿真研究中心和复杂工程管理案例研究中心等研究机构。

研究院和国际项目管理协会（IPMA）、国际复杂项目管理研究中心（ICCPM）、英国皇家特许建造师协会（CIOB）、英国皇家特许测量师协会（RICS）等研究机构具有紧密合作关系，和美国、德国、英国、荷兰、澳大利亚、芬兰等诸多大学开展多项合作与交流。

研究院承担了国家自然科学基金委、教育部、住房和城乡建设部、上海市建交委、上海市科委等几十项重大课题，以及上海世博会、上海迪士尼等数百个重大项目的建设管理、咨询与课题研究任务。荣获国际项目管理卓越大奖、上海市科技进步一等奖、教育部和吉林省科技进步二等奖、中国项目管理成就奖等多个重大奖项。

网址：http://ricem.tongji.edu.cn/

地址：上海市彰武路 1 号同济大厦 A 座 9 楼　邮编 200092

电话：021-65981368

# 前　言

通过谷歌趋势和百度指数查询发现，2010年以来，人们对摩天大楼的关注显著提高，而2012年则是媒体关注度最高的一年。一些主流门户网站和专业网站，如雅虎、网易、和讯等，都设置了摩天大楼的讨论专题；一些研究机构开始对我国摩天大楼的建设展开统计和分析；一些经济学家和专业人士纷纷对摩天大楼建设表达担忧；一些摩天大楼逐渐被老百姓评头论足。显然，摩天大楼建设已经超越了建筑领域，成为一个社会热点。但是，摩天大楼的建设是利是弊，我国摩天大楼是多了还是少了，摩天大楼到底需要多高，是什么原因催生了摩天大楼的建设，摩天大楼的建设挑战性在哪里，风险在哪里，这些都缺乏一个客观研究，也是迫切需要回答的问题。

同济大学建设管理与房地产研究团队自2009年开始关注摩天大楼的建设问题，先后接触和参与了上海、南宁、武汉、深圳、太原、大连、苏州等标志性摩天大楼的前期策划和建设管理工作，对摩天大楼的决策和建设具有较多感受和理解，并逐渐发现摩天大楼将在一段时间内成为我国城市建设领域中的一个热点，而其中存在诸多复杂问题需要研究和深入剖析。为此，我们于2010年9月成立了专门研究团队，试图尝试和回答这些问题。

但是，真正开始研究这个问题时，发现这是一个极具挑战性的工作。首先面临的是研究目标和研究定位问题，即研究成果为谁用和有何用。经过反复讨论和综合权衡，课题组认为应从单纯的建筑问题拓展开来，为政府管理者、决策者、建设者和公众等提供一个全视野图谱，未来可进一步针对特定对象和特定问题再展开专项研究。其次面临的是从哪些角度研究摩天大楼问题，摩天大楼已经超越了单纯的工程问题，成为了一个复杂社会经济现象，因此研究的视野要广。为了更深层次分析摩天大楼问题，我们从我国城市发展的路径、经济增长方式以及政府在城市建设中的地位和角色研究着手，以经济、体制机制、城市化、产业发展、工程投资和工程建设、社会心理和文化等复合性视角来剖析摩天大楼问题，并最终确定了历史、经济、文化、城市、产业、工程、成本、未来发展和公众这九大方面。再次面临的是数据的收集问题。由于各摩天大楼的公开信息不一致和不完全，我们必须尽量确保信息的规范性、准确性和完整性，这个工作量非常大，有时候甚至需要现场调研和确认。综合考虑研究目的、我国现状和研究工作量，参照国际标准，我们将研究目标界定为300m以上摩天大楼。最后是撰写风格问题。这是针对我国摩天大楼问题的第一份综合性和专业性研究报告，因此我们要尽量做到可读、精炼，尽量用数据说话，尽量得出一些结论或规律，让读者获取清晰的信息。

在报告撰写过程中，我们在2012"新立方"建筑文化论坛、CIOB中国区代表大会等会议上进行了专题汇报，得到了与会专家的认可，并提出了诸多建议，在此表示衷心的感谢。感谢同济大学工程管理专业2008级本科生，他们为数据的收集付出了艰辛的努力。也感谢上海科瑞建设项目管理有限公司各位专家和中国建筑工业出版社牛松先生对此报告的撰写和出版提供的大力支持。

尽管我们努力将这项研究做到最好，但是我们也清醒地认识到，摩天大楼的研究是一项极具挑战性的工作，由于研究团队专业水平和信息渠道有限，其中涉及的数据、信息和结论难免存在偏颇或值得商榷之处，在此诚恳希望各位读者提出宝贵意见。同时我们也真诚希望和相关单位、机构或个人展开合作，进一步将我国摩天大楼的研究深入下去，开展专项研究，为摩天大楼的建设和发展提供决策和参考依据。

如有任何问题、建议和合作设想，可通过y.k.lee@126.com 与课题组取得联系。

《中国摩天大楼建设与发展研究报告》课题组

# 摩天数字

**第一座摩天大楼**

1855 │ 1934

普遍认为，竣工于1885年的美国芝加哥房屋保险大楼是全球第一座摩天大楼，共10层，高42m。中国第一座摩天大楼是建于1934年的上海国际饭店，地上24层，高83.8m，当时亚洲最高。

**摩天大楼高度界定**

100 │ 300

多数国家和协会将100m定为超高层（或skyscraper）高度标准，高层建筑暨都市集居委员会将300m（984英尺）以上视为超高层（supertall），考虑实际情况和研究目的，本报告将研究对象高度界定为300m以上。

**高度记录变迁**

1996

纽约保持全球摩天大楼最高纪录长达80年，但从1996年开始，这一纪录开始被亚洲占据。

**平均高度增长新速度**
**最高楼百米刷新速度**

1970 │ 15vs.3

1970年以后，全球前100栋最高大楼平均高度每10年增加速度比之前快一倍。除哈利法塔外，世界范围内最高楼百米刷新时间介于15～40年，我国则为3～15年。

**我国摩天大楼高度**
**在世界上的地位**

50%＋

根据统计，在已建成的全球高度前100位的摩天大楼中，我国占32栋，前20位占9栋，前10位占5栋；在建全球高度前100位的摩天大楼中，我国占53栋，前20位占10栋，前10位占7栋；全球规划高度前100位的摩天大楼中，我国占59栋，前20位占13栋，前10位占5栋。这样，未来预期的全球高度前100位的摩天大楼中，我国将占52栋，前20位占11栋，前10位占5栋。在超高摩天大楼中，我国将超过其他所有国家总和。

7

**摩天大楼集中建成期**

1990 |
1996-2004 | 2005-

我国摩天大楼的集中建成期分为三个阶段：1990年，1996—2004年和2005年至今，超过200m的建成总量分别为2栋，53栋和103栋，成倍速增长趋势。

**摩天大楼总量**

162

包括台湾地区，我国300m以上摩天大楼162栋，已建25栋，在建81栋，规划56栋，平均高度分别为377.68m，369.27m和408.32m，高度增长明显。

**摩天大楼高度**

492 | 660
729 | 588

目前，国内已建摩天大楼最高为上海环球金融中心492m，在建最高为深圳平安大楼660m，规划最高为苏州中心729m（暂未考虑长沙天空城市838m）。目前（含规划）最高的10栋摩天大楼都在588m以上，

**城市摩天大楼
建造指数**

42 | 13

目前，全国有42个城市已建、在建和规划有300m以上摩天大楼，排名前十位分别为深圳、广州、上海、天津、香港、武汉、南京、无锡、北京和重庆。有8个城市的300m以上摩天大楼建造指数排名超过其城市竞争力排名10位以上。

**摩天大楼泡沫**

1.5

以摩天大楼数量、城市级别、写字楼空置率和供需排名、机构观察等综合来看，新兴发展的1.5线城市未来摩天大楼的出售和出租都具有很大挑战，存在泡沫风险。

**经济危机与摩天大楼**

77% | 7

从美国看，高度排名前100位的摩天大楼中，有82座的建成时间在经济危机期间，比例超过77%。我国7次摩天大楼的高度刷新纪录中，5次建成于经济谷底（或前后一年），2次建成时间位于经济连续下滑阶段。

**崩溃边缘期**

2015

我国在1992—1994高投资后，房地产一直处于平稳增长甚至高速增长期，如果按照拉斯·特维斯研究结论，若房地产周期为18～20年，从1995年算起，2015年前后可能进入崩溃边缘期。

**十大城市群和
沿海经济区摩天大楼**

90% ｜ 67% ｜ 70%

在全部159栋300m以上摩天大楼中（除台湾地区），十大城市群达143栋，占89.94%；长三角、珠三角和京津冀城市群达107栋，占67.3%；沿海经济区达112栋，占70.44%。

**空中华西村**

328 ｜ 60 ｜ 5

空中华西村高度为328m，意为"北京最高楼为328m，华西村要和北京保持一致"，60层意为"新中国成立60周年"，5个空中花园意为"金、木、水、火、土"。

**摩天大楼功能**

85% ｜ 30% ｜ 10%

2000年以前，全球85%左右的摩天大楼以办公功能为主，到2010年，集办公、酒店、观光、商业等为一体的城市综合体功能的摩天大楼占到30%。其中商业功能部分约为10%左右。

**摩天大楼技术指标**

4 ｜ 2400 ｜ 15%～60%

典型摩天大楼楼层高一般在4m以上，净高在2.7～3m，平均标准层面积2400m²，区间1600～3400m²，写字楼部分主要集中在大楼中区，约15%～60%处，80层以上一般为酒店和观光功能。

**摩天大楼租户**

80%

已运营的300m以上摩天大楼中，金融与经贸、服务与咨询、工业与制造业租户占80%，整层租用的多为金融、保险、地产和咨询企业。

**摩天大楼投资
开发主体**

32% ┃ 51.5%

美国高度排名前50位的摩天大楼中，只有16栋由房地产或物业公司投资开发，占32%；我国已建和在建的106栋摩天大楼中，这一比例达到51.5%，高度排名前10位的更是有8栋，潜在销售和出租风险较大。

**摩天大楼的绿色认证**

2010 ┃ 50%

我国最早获得LEED绿色认证的摩天大楼为北京国际贸易中心，2010年获得。目前在建摩天大楼已经申请LEED认证的超过50%。

**摩天大楼的建造成本**

1.25～2 ┃ 30%

摩天大楼每平方米造价和高度正相关，高度在450m以上的摩天大楼，单方造价是300～400m的1.25～2倍；400m以上大楼每平方米楼层面积的结构成本是100m的1.5倍。同样的高度，异形摩天大楼单方造价可能有30%的提高。

**摩天大楼的楼层
使用效率**

70% ┃ 64%

假设同样的楼层面积，15层高的大楼使用效率为70%，而60层的大楼往往仅为64%，但单方造价却高1.3倍左右。

**摩天大楼的运营风险**

5～8 ┃ 20

在运营初期，出租和运营成本压力较大，经过5～8年才可能进入平稳期。如果50亿的建造成本，25亿贷款，4%～5%的回报率，回收期长达20年左右。

# 摩天观点

最高建筑的产生根源于人类需求的驱动和技术的进步。不同于传统的王权和宗教建筑，现代摩天大楼的产生和发展源于商业需求、技术进步和人类对高度的追求等多重因素的推动。

目前，全球形成了三个摩天大楼集聚区，即市场经济驱动的美国、资源优势驱动的西亚、制度优势驱动的中国。

统计表明，我国摩天大楼百米刷新速度远远超过全球，这总体上不利于积累摩天大楼的建设和管理经验。

**经济视角**

"劳伦斯魔咒"，即"最高摩天大楼立项之时，是经济过热时期；而摩天大楼建成之日，则是经济衰退之时"，被称为"百年病态关联"。

经济学家拉斯•特维德认为，经济萧条的唯一原因就是繁荣，而房地产市场是经济周期之母。每一次房地产危机与整体经济的恶化是一致的。房地产主要的萧条平均每隔18年或20年才会出现一次，每次萧条后"清理残局"的过程对经济有很大的拖累，且时间很长。

在1992—1994年高强度投资后，我国房地产一直处于稳定增长阶段。如果房地产长周期是18～20年，从1995年算起，则目前仍然在这个长周期内，但2015年前后可能进入崩溃边缘期。

当前，一线城市仍然具有一定的摩天大楼需求空间。但新兴发展的二线城市写字楼需求水平并不高，写字楼过剩严重。与此鲜明对照的是，二三线城市是当前摩天大楼建设的最活跃城市，存在较大的泡沫风险。

摩天大楼的高度是由城市的经济发展实力推动的，和人口密度无关。

**文化视角**

2012年是我国摩天大楼开工建设的高峰，并有诸多超高摩天大楼的建造规划或设想发布，受到了广泛关注，被视为一种纯粹的"高度比拼游戏"。高度，似乎成了摩天大楼竞赛的唯一指标。

我国摩天大楼的建造文化背景是多元的，既有20世纪初的功能主义、技术至上，也有中晚期的极端个人主义、追求时尚，以及21世纪的绿色低碳、可持续发展诉求。

在中国特殊的文化背景下，摩天大楼被赋予了浓厚的社会心理情结，如摩天大楼高度的含意、名称的寓意、外形的象征意义、风水因素等。

摩天大楼由于其标志性和凸显性，其文化寓意总会有不少"曲解"，这也不能不说是权力审美、公众审美和专业审美三者的碰撞，技术主义与文化主义的碰撞，传统文化与现代文化的碰撞，中国文化与西方文化的碰撞，国内建筑师和境外建筑师的碰撞等所致。

**城市视角**

在拥有300m以上摩天大楼（包括已建、在建和规划）的42个城市中，高度前10位摩天大楼都在588m以上。但摩天大楼的最高纪录与区域经济实力并未呈现正比关系。

摩天大楼的建造呈现一种规律：从长三角、珠三角和京津冀，向中西部扩散；从一线城市向二、三线城市扩散，并逐渐形成了集聚区，和我国的十大城市群的分布基本吻合。摩天大楼总量和区域经济实力直接相关。

通过构建并计算每个城市的摩天大楼建造指数，发现传统经济强市，如上海、广州、深圳等地仍然是摩天大楼建造的主要城市，另外一些二、三线城市也开始兴建摩天大楼，但是个别城市摩天大楼的建造规划和经济实力不匹配。

摩天大楼的发展历史折射出一个城市的经济和城市发展历史。从总体上看，综合改革配套实验区等国家重大战略、亚运会等重大事件、大规模新城区开发等城市重大战略直接影响摩天大楼的建造。如果以上因素叠加，可能刺激摩天大楼群的规划或创造高度新纪录。

摩天大楼的建造往往由于城市核心区土地资源限制、城市形象需求和城市新区开发等所致。但摩天大楼吸引的庞大人群规模和极限高度对服务配套、公共设施配套和安全、防灾等提出了新的要求和新的挑战。

## 产业视角

从功能角度看，2000年以前，85%的摩天大楼以办公为主，2000年以后，集办公、酒店、观光、商业等为一体的城市综合体功能越来越多，到2010年该类型摩天大楼比例超过30%，纯办公楼类型的摩天大楼比例降至45%左右。

在办公功能及用户方面，摩天大楼在顶级办公楼中占据重要地位，除投资商或关联公司自用外，其租户多为金融、保险、地产和各类咨询企业，租用面积超过一层的则多为跨国公司。

在酒店功能方面及用户方面，从全国范围看，摩天大楼的分布和高端酒店品牌的选址具有一定内在关联。在东部经济发达地区，摩天大楼的建设和高端酒店市场同步发展，但西部一些旅游城市则显示高端酒店的发展先于摩天大楼的建设。

在商业功能和公寓功能方面，大部分商业集中在1～5层，占总面积10%～20%；而总体上看，我国只有少数摩天大楼具有公寓功能，且大多数为酒店式公寓而非传统住宅。

## 工程视角

美国高度排名前50位的摩天大楼投资方中，仅有16座来自房地产或物业公司，其余为零售、汽车等实体产业企业，减少了摩天大楼的销售和出租压力和风险。我国摩天大楼的开发商中，房地产公司或联合开发的摩天大楼数量近70%。

2012年之前，国外建筑师主导了我国摩天大楼的设计市场，之后国内设计院逐渐在市场中占据了重要份额（约33.3%）。但总体上讲，摩天大楼的建筑设计仍然以国外设计机构为主。

摩天大楼的施工总承包市场有很强的地域性，中建、中铁建、上海建工垄断了摩天大楼的施工总承包市场。目前全球五大知名物业管理公司是摩天大楼物业管理的首选。摩天大楼物业管理的方式主要有委托、联合、自管，其中委托方式最为普遍。

摩天大楼是否是绿色建筑一直备受争议。据统计，目前在建摩天大楼中申请LEED认证的已超过50%。

## 成本视角

和低层建筑项目相比，摩天大楼的建造成本构成比重及影响因素具有显著不同，尤其是结构部分差异较大。其中，由于摩天大楼用钢量普遍较大且钢材价格变化不定，在建设周期内将是影响造价的一个重要风险。但摩天大楼单位用钢量并没有显示出和高度具有正相关，而是和结构选型及设计理念有较大关系。

影响摩天大楼单方造价的因素是复杂的，但建筑高度、楼层面积、是否异形等是重要影响因素。根据分析，单方造价和建筑高度总体呈正相关，高度在450m以上的建筑，其单方造价大约是300~430m之间的1.25~2倍。建造时间和所在地区也会对造价产生一定影响。此外，高度越高，楼面使用效率越低。

根据对上海金茂大厦和上海环球金融中心的经营状况分析，摩天大楼的运营成本十分高昂，但高度的标志性并不能保证大楼的出租率，在初期运营阶段，大楼的运营压力较大，经过5~8年的运营则有可能进入到平稳期，但这与整个市场的出租环境、区域竞争等有较大的关系，不可预知的风险较大。修建摩天大楼最大的风险不是资金，而是时间。

# 目　　录

# 1 历史视角：摩天大楼的产生、发展和演变

【本章观点和概要】

☐ 最高建筑的产生根源于人类需求的驱动和技术的进步。不同于传统的王权和宗教建筑，现代摩天大楼的产生和发展则源于商业需求、技术进步和人类对高度的追求等多重因素的推动。

☐ 摩天大楼高度的界定和高度计算方法并没有统一的标准，但100m被多数国家和国际组织定义为超高层的高度界限。高层建筑暨都市集居委员会（CTBUH）将300m（984英尺）以上定义为超高层。根据我国现有超高层的实际情况以及研究目的，在未经特殊说明的情况下，本报告所知摩天大楼是指300m以上的超高层民用建筑。

☐ 从全球范围看，1930—1970年的40年间，摩天大楼的平均高度仅增加50m，但1970—2010年的50年间，平均高度则增加了200m。就最高高度变化而言，纽约保持全球纪录长达80年，但从1996年开始，这一纪录则被亚洲打破并一直保持至今。

☐ 就中国而言，1934年以来，我国摩天大楼的最高高度和全球最高高度的差距在逐渐缩小。但分析表明，除西亚的哈利法塔外，世界范围内的百米高度刷新时间介于15～40年，而我国平均则为3～15年，这总体上不利于我国积累摩天大楼的建设和管理经验。

古代的最高建筑是服务于王权的高大建筑，中世纪最高建筑是寄托着信仰的宗教塔楼，现代的最高建筑是经济利益主导的实用型高层建筑。

历史上建筑高度竞争的领先地域，古代是埃及，中世纪和工业革命时期是欧洲，近现代转向美国，21世纪以后高层建筑的竞争热点将在亚洲。

—— 深圳大学 覃力 教授

## 1.1 摩天大楼的产生

"摩天"（skyscraper）一词，最初是一个船员术语，意思是帆船上的高大桅杆或者帆，后来不断演变，逐渐成为建筑中的一个特定术语。1883 年，"摩天大楼"一词首先出现在美国一位喜欢幻想的作家所写的《美国建筑师与建筑新闻》一文中。1896 年，美国著名建筑师 Louis Sullivan 在《高层办公大楼的艺术考虑》（The Tall Office Building Artistically Considered）中，将其定义为"一幢很高的建筑物"，但仍有"相当大的自由度"，"高傲"（Lofty）和"高度"（Tall）兼备，是"一种自豪而飞翔的东西"。

"摩天大楼是经济力量合乎逻辑的结果"，也是多项突破性技术创造的结果，最重要的则是钢结构、混凝土、安全电梯和玻璃的发明，这些至今仍是摩天大楼高度不断攀升的技术支撑 ❶。

究竟哪座大楼是世界上第一座摩天大楼？说法不一。一说是位于美国芝加哥的房屋保险大楼（Home Insurance Building），竣工于 1885 年，1931 年被拆，共 10 层，高 42m（后增加 2 层，为 55m），被称之为"摩天大楼之父"，见图 1-1。另一说则是纽约的公平生活大楼，共 6 层，高 43m，1873 年建造，已拆。也有的学者认为是纽约世界大楼，共 20 层，建于 1890 年。在中国，建于公元 523 年的河南登封嵩岳寺塔，高 40m，砖结构，是较早的高层建筑 ❷。而近代的高层建筑是建于 1934 年的上海国际饭店（Park Hotel），地上 24 层，

---

❶ ①电梯。早期的电梯采用蒸汽动力和水压式，最早的电动式电梯是1880年德国人埃伦斯特•贝鲁那•峰•西门子发明。而最早的安全电梯是1853年由美国人艾利夏•葛瑞夫•奥的斯（Elisha Graves Otis）发明，即如果钢缆断掉而轿厢不会坠落。②钢筋混凝土（Reinforced Concrete，RC）。比利时建筑师奥格斯特•佩雷（Auguste Perret）1903年在巴黎设计建造了"富兰克林25号公寓"，据闻这是世界上第一栋利用钢筋混凝土设计的建筑。20世纪70年代，又发明了"高强度•超高强度混凝土"，强度比一般混凝土高5倍以上。③玻璃。1873年，比利时首先制造出平板玻璃。由于钢骨架已经支撑了大楼框架，因此墙体需要具有保温隔热、透光和轻质功能，玻璃是最佳选择。1958年建成的纽约西格兰姆大楼（Seagram Building），38层，157m，被认为是世界上第一栋高层玻璃帷幕大楼。④阻尼器。为了防止风吹导致大楼摆动，20世纪70年代开始采用阻尼器来解决这一问题。

❷ 史料记载：①洛阳永宁寺塔。建于北魏熙平元年（516年），公元534年雷击而焚毁，木结构，高9层，一百丈（合今约136m）。②山西应县佛宫寺释迦塔（应县木塔）。建于辽代（1056年），高67m，外观6层，实9层，是现存最早、最高的木结构建筑。③山西汾阳文峰塔。建于明末，高84m，砖建造，是中国最高的古塔。④名堂和天堂。名堂建于唐武则天拱4年（688年），高294尺（合今约88.79m），3层。在名堂的北面，后建的天堂更高，其第三层已高于名堂，但没有史料记载的确切高度，推算在100m以上。

图 1-1　芝加哥房屋保险大楼

图 1-2　上海国际饭店

地下 2 层，高 83.8m，当时亚洲最高的建筑物，见图 1-2，并在中国长期保持高度纪录，直到 1968 年才被广州宾馆（27 层，86.51m）超过。

## 1.2　摩天大楼的界定和高度计算方法

至于多高才能称之为摩天大楼，没有统一的界定，且随着高层建筑的不断发展，不同国家和不同时期对摩天大楼高度的界定也不同。另外，在建筑和工程领域，摩天大楼也被称之为超高层建筑。有关摩天大楼高度的界定，较为权威的如下。

□ 安波利斯标准委员会（Emporis Standards Committee）认为，摩天大楼是"一个建筑高度至少 100m 或 330 英尺的多层建筑"。

□ 高层建筑暨都市集居委员会（Council on Tall Buildings and Urban Habitat,CTBUH）认为，300m（984 英尺）以上的为摩天大楼（supertall）。

□ 我国《民用建筑设计通则》（GB 50352—2005）将建筑高度在 100m 以上的民用建筑称为超高层建筑。

□ 日本《建筑基准法》规定，超过 60m 属于超高层建筑，需通过高度结构安全性能检测审查。但 100m 以上还需要进行环境影响评估，一般将 100m

以上定义为超高层。

综合以上定义，考虑到我国现有超高层的实际情况，本报告将超高层界定为建筑高度 300m 以上的民用建筑。

有关摩天大楼高度的计算方法，也存在纷争。CTBUH 认为，大致包括以下几种。

□ 建筑顶部高度（Height to Architectural Top），指从建筑的最低、有效、露天行人入口的水平面到建筑顶部的高度，包括尖塔，但不包括天线、标志、旗杆等其他功能技术上的设备。

□ 最高使用层高度（Highest Occupied Floor），指从建筑的最低、有效、露天行人入口的水平面到建筑的最高使用楼层的高度。

□ 最高尖端高度（Height to Tip），指从建筑的最低、有效、露天行人入口的水平面到建筑最高点的高度，不论最高部分的材料或功能（包括天线、标志、旗杆等其他功能技术上的设备）。

以目前世界第一高楼迪拜的哈利法塔（burj khalīfah）为例，按以上方法计算大楼高度分别为 828m、585m 和 830m，如图 1-3 所示。

我国《民用建筑设计通则》（GB 50352—2005）将建筑高度的计算界定为：当为坡屋面时，应为建筑物室外设计地面到其檐口的高度；当为平屋面（包括有女儿墙的平屋面）时，应为建筑物室外设计地面到其

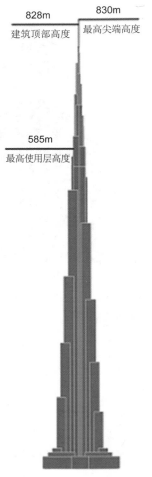

图 1-3　按不同方式计算的哈利法塔

屋面面层的高度；当同一建筑物有多种屋面形式时，建筑面积应按上述方法分别计算后取其中最大值。局部突出屋顶的瞭望塔、冷却塔、水箱间、微波天线间或设施、电梯机房、排风和排烟机房以及楼体出口小间，可不计入建筑高度内。

此外，CTBUH 给出了摩天大楼高度的测算方法，即假设办公、住宅 / 酒店、综合用途的层高分别为 3.9m、3.1m 和 3.5m，层数为 $s$，考虑楼层、设备层和屋顶高度，摩天大楼的高度测算方法分别如下。

□ 纯办公功能摩天大楼的高度约为

$H_{office} = 3.9s + 11.7 + 3.9$（$s/20$）

□ 住宅/酒店摩天大楼的高度约为

$H_{residential} = 3.1s + 7.75 + 1.55$（$s/30$）

□ 综合用途或部分功能未知的摩天大楼的高度约为

$H_{unknown} = 3.5s + 9.625 + 2.625$（$s/25$）

## 1.3 摩天大楼的最高纪录变迁及百米刷新速度

高，显然是摩天大楼的最突出特征。因此，摩天大楼高度的变化往往被人们所关注。图 1-4 为 CTBUH 统计的 1930 年以来每十年全球 100 栋最高大楼平均高度的变化。从中可以看出 1970 年以来摩天大楼平均高度的增加比 1930 ～ 1970 年之间要大一倍左右。全新结构形式的出现（如各种筒体结构）、建筑材料（如高强度混凝土）的发明、施工技术和安全防护技术的进步（如阻尼器的使用）等被视为高度加速增加的重要原因。

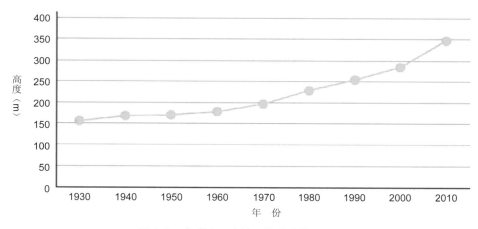

图 1-4　全球摩天大楼平均高度的变化

图 1-5 为全球摩天大楼最高纪录的变化轨迹，从中可以看出虽然芝加哥被称为摩天大楼的发源地，但纽约保持全球摩天大楼最高纪录长达 80 多年，而从 1996 年开始，摩天大楼的高度纪录则一直被亚洲占据。

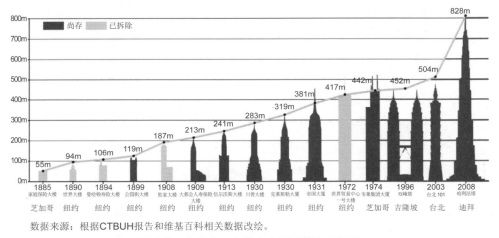

数据来源：根据CTBUH报告和维基百科相关数据改绘。

图 1-5　全球摩天大楼高度纪录的变化轨迹

　　在中国，自 1934 年以来，摩天大楼的高度也在不断刷新，图 1-6 为我国摩天大楼最高纪录变化轨迹及与同时期世界最高纪录的比较。从中可以看出，在过去的 80 年间，上海、广州、深圳和香港、台湾相继保持着中国摩天大楼高度的最高纪录，而中国也逐步进入全球摩天大楼领跑者集团。最新数据表明，摩天大楼高度之争主要在亚洲的西亚和中国之间展开。

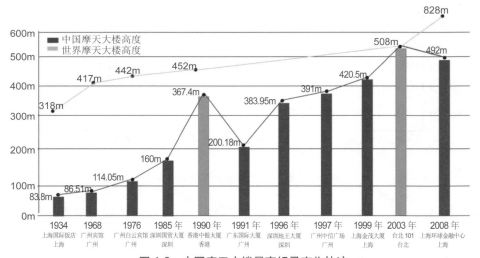

图 1-6　中国摩天大楼最高纪录变化轨迹

课题组将世界上摩天大楼每 100m 刷新的时间速度和我国进行对比，如图
1-7 所示。分析表明，除西亚的哈利法塔外，世界范围内百米高度刷新时间介
于 15~40 年，而我国平均则在 3~15 年，我国的摩天大楼百米刷新速度大大高
于世界水平。从总体上说，这不利于我国积累摩天大楼的建设和管理经验。

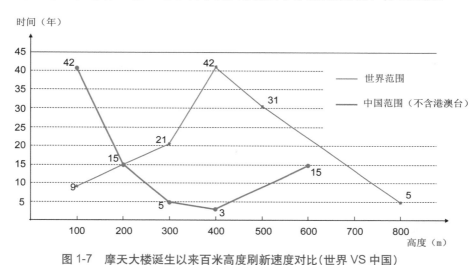

图 1-7　摩天大楼诞生以来百米高度刷新速度对比（世界 VS 中国）

## 1.4　摩天大楼的各项记录

摩天大楼在追逐高度的同时，也热衷于创造各种记录，表 1-1 为截至
2010 年摩天大楼的各项记录统计。

摩天大楼的各项高度记录（截至 2010 年）　　　　　　　　　　表 1-1

| 记录类别 | 摩天大楼名称 | 地点 | 时间 | 高度（m） | 楼层 |
|---|---|---|---|---|---|
| 全办公功能 | 台北101 | 中国台湾，台北 | 2004 | 508 | 101 |
| 全住宅功能 | Q1 | 澳大利亚 | 2005 | 323 | 78 |
| 全酒店功能 | 瑞汉金罗塔纳玫瑰酒店 | 阿联酋，迪拜 | 2007 | 333 | 72 |
| 全教育功能 | 莫斯科国立大学大楼 | 俄罗斯，莫斯科 | 1953 | 239 | 39 |
| 医院功能 | 香港养和医院 | 中国，香港 | 2009 | 148 | 38 |
| 学生公寓 | Nido Spitalfields公寓 | 英国，伦敦 | 2010 | 112 | 34 |
| 混合功能 | 哈利法塔 | 阿联酋，迪拜 | 2010 | 828 | 163 |
| 最高的办公空间 | 哈利法塔 | 阿联酋，迪拜 | 2010 | 585 | 154 |

续表

| 记录类别 | 摩天大楼名称 | 地点 | 时间 | 高度（m） | 楼层 |
|---|---|---|---|---|---|
| 最高的住宅空间 | 哈利法塔 | 阿联酋，迪拜 | 2010 | 385 | 108 |
| 最高的酒店空间 | 上海环球金融中心 | 中国，上海 | 2008 | 372 | 86 |
| 最高的教育空间 | 蚕茧大厦 | 日本，东京 | 2008 | 178 | 49 |
| 最高的观光平台 | 上海环球金融中心 | 中国，上海 | 2008 | 474 | 100 |
| 最高的医院空间 | 香港养和医院 | 中国，香港 | 2009 | 459 | 140 |
| 最高的餐饮空间 | 上海环球金融中心 | 中国，上海 | 2008 | 414 | 93 |
| 最高的室外泳池 | 滨海湾金沙酒店 | 新加坡 | 2010 | 189 | 56 |
| 最高的全钢结构 | Will Tower | 美国，芝加哥 | 1974 | 442 | 108 |
| 最高的全混凝土结构 | 特朗普国际大厦 | 美国，芝加哥 | 2009 | 415 | 96 |
| 最高的石头建筑① | 蒙纳德诺克大厦（北翼） | 美国，芝加哥 | 1893 | 65 | 16 |
| 最高的复合结构 | 台北101 | 中国台湾，台北 | 2004 | 508 | 101 |
| 最高的木结构② | Reid house | 澳大利亚，悉尼 | 1914 | 45 | 12 |
| 最快的电梯③ | 哈利法塔 | 阿联酋，迪拜 | 2010 | 828 | 163 |
| 超高强混凝土泵送最高纪录④ | 广州西塔 | 中国，广州 | 2009 | 437 | 103 |

注：①但根据高桥俊介所著《巨型建筑设计之谜》一书，1901年建于费城的市政府建筑虽然只有9层，然而加上高塔部分变成了167m，成为世界上最高的石造结构建筑。为了承载本身的重量，低楼层部分墙体厚度达6.6m。
②据调查，我国现存的山西应县释迦塔高67m，9层，高于该建筑的高度。
③电梯速度17.4m/s。
④泵送高度411m，国产设备。
数据来源：CTBUH报告《Tall buildings in numbers》及互联网资料。

# 参考文献

[1] 董继平著.世界著名建筑的故事.重庆大学出版社，2009.

[2] Louis Sullivan. the Tall Office Building Artistically Considered.1896.

[3] CTBUH. Tall Building in Numbers. CTBUH Journal，2008（II）.

[4] CTBUH. Tall Building in Numbers. CTBUH Journal，2010（IV）.

[5] 高桥俊介著.巨型建筑设计之谜.姚淑娟译.山东画报出版社，2011.

[6] 覃力.建筑高度发展史略.新建筑，2002，（1）：48-50.

# 2 经济视角：摩天大楼与经济发展的互动关系

## 【本章观点和概要】

☐ "劳伦斯魔咒"，即"最高摩天大楼立项之时，是经济过热时期；而摩天大楼建成之日，则是经济衰退之时"，被称为"百年病态关联"。当然，摩天大楼的建设与经济周期之间的关系是复杂多样的，用最高摩天大楼作为预测经济的指标似显荒谬，并具有偶然性和片面性，但作为现代服务业和房地产业的重要载体，摩天大楼的建设能成为经济指数的一个关键表征，二者确有内在联系。

☐ 经济学家拉斯·特维德认为，经济萧条的唯一原因就是繁荣，危机的作用在于使经济走向正轨，而房地产市场是经济周期之母。房地产周期的高峰和股票及商品市场的高峰没有非常直接的联系，但是每一次房地产危机则与整体经济的恶化是一致的。房地产主要的萧条平均每隔18年或20年才会出现一次，每次萧条后"清理残局"的过程对经济有很大的拖累，且时间很长。

☐ 由于我国特有的经济增长方式，摩天大楼的建设与经济周期之间并没有清晰的关联，但是疯狂的摩天大楼竞赛和"数量井喷"可能反倒成为经济的拖累，成为压垮经济的"最后一根稻草"，继而出现无法调控的经济萧条。

☐ 在1992—1994年高强度投资后，我国房地产一直处于稳定增长阶段。如果房地产长周期是18～20年，从1995年算起，则目前仍然在这个长周期内。不过，虽然现在没有明显的萧条迹象，但2015年前后可能进入崩溃边缘期，继而进入长期的房地产崩溃、萧条和缓慢恢复期。

☐ 当前，一线城市仍然具有一定的摩天大楼需求空间。但新兴发展的二线城市写字楼需求水平并不高，且空置率普遍较高，写字楼过剩严重。

与此鲜明对照的是，二、三线城市是当前摩天大楼建设的最活跃城市。因此，未来摩天大楼的写字楼出售和出租都具有很大挑战，存在较大的泡沫风险。

□ 研究发现，摩天大楼的高度和GDP、人口规模和城市竞争力呈正相关，但和城区人口密度无关；因此，是经济实力催生了摩天大楼，而非摩天大楼带动了经济发展。

## 2.1 "劳伦斯魔咒"是否存在

对当前中国摩天大楼建造热潮的最大担忧，莫过于被称之为"劳伦斯魔咒"的应验。

"劳伦斯魔咒"，又称摩天大楼指数，由经济学家安德鲁·劳伦斯（Andrew Lawrence）于1999年提出，即"最高摩天大楼立项之时，是经济过热时期；而摩天大楼建成之日，即是经济衰退之时"。巴克莱资本（Barclays Capital）2011年的一份研究报告认为，摩天大楼的建设和经济危机之间确实存在一些不健康的关联，如图2-1所示。

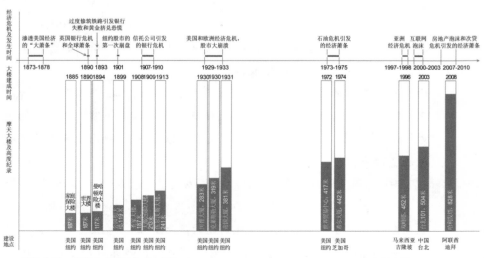

数据来源：根据巴克莱资本研究报告《Skyscraper index：bubble building》、本报告图1-5及其他互联网资料改绘。

图2-1 "劳伦斯魔咒"的历史性验证：全球摩天大楼的建设与经济危机之间的关系

　　但是，严谨的学术研究结果并没有支持以上结论。2011 年，美国罗格斯大学（Rutgers University）研究人员对"劳伦斯魔咒"进行了学术验证。研究从两方面展开：一是世界最高建筑规划和竣工时间与美国经济发展的顶峰和低谷之间的定量关系，结果并没有发现摩天大楼高度纪录的打破时间与经济周期之间存在关联；二是利用时间序列统计回归方法，以美国、加拿大、中国和中国香港为对象，研究每年完成的最高建筑与人均国民生产总值（GDP）之间的因果关系，发现两个序列是协整（co-integrated）的，它们最终走向重合，也就是说这些国家每年完成的最高建筑的投资总量没有脱离潜在的国家收入。最后，研究者发现摩天大楼的高度并不能预测 GDP 的变化，但是 GDP 却可以预测高度的变化。因此，该研究认为摩天大楼的极端高度是由经济增长推动的，但高度并不能作为经济衰退的征兆。

　　当然，建一栋世界上最高的高楼不能直接导致经济危机，但房地产繁荣和经济萧条之间却存在必然的关联。

## 2.2　摩天大楼与经济周期之间的关系

　　根据现有研究，平均约 9 年左右爆发一次经济危机，平均 37 年左右爆发一次全球性经济危机；房地产周期存在短期波动，但大的萧条一般在 18 ～ 20 年才会出现。对于摩天大楼而言，一般从规划设计到建成投入使用约 3 ～ 5 年左右时间。据统计，自 1920 年以来，美国共爆发 12 次较为严重的经济危机，同时，课题组统计了这一期间美国摩天大楼高度排名前 106 名的建成时间。

　　基于以上信息，课题组绘制了美国摩天大楼建成时间与经济周期之间关系的对应表，如表 2-1 所示（考虑到建成投入使用具有一定周期，课题组将大楼的统计对象比经济危机结束时间延后一年）。从中可看出，高度排名前 106 的摩天大楼中，有 82 栋的建成时间在经济危机期间，比例超过 77%。

**美国摩天大楼建成时间与经济周期之间的对照**　　　　　　表 2-1

| 1919 | 1920 | 1921 | 1922 | 1923 | 1924 | 1925 | 1926 | 1927 | 1928 |
|------|------|------|------|------|------|------|------|------|------|
|      |      |      |      |      |      |      |      |      |      |
| 1929 | 1930 | 1931 | 1932 | 1933 | 1934 | 1935 | 1936 | 1937 | 1938 |

续表

| | | | | | | | | | |
|---|---|---|---|---|---|---|---|---|---|
| | 1 | 2 | 1 | 1 | | | | | |
| 1939 | 1940 | 1941 | 1942 | 1943 | 1944 | 1945 | 1946 | 1947 | 1948 |
| 1949 | 1950 | 1951 | 1952 | 1953 | 1954 | 1955 | 1956 | 1957 | 1958 |
| 1959 | 1960 | 1961 | 1962 | 1963 | 1964 | 1965 | 1966 | 1967 | 1968 |
| | 2 | 1 | | | 1 | | | | 1 |
| 1969 | 1970 | 1971 | 1972 | 1973 | 1974 | 1975 | 1976 | 1977 | 1978 |
| 3 | 1 | 2 | 3 | 3 | 4 | | 1 | 2 | 2 |
| 1979 | 1980 | 1981 | 1982 | 1983 | 1984 | 1985 | 1986 | 1987 | 1988 |
| | 1 | 1 | 4 | 4 | 3 | 2 | 4 | 7 | 2 |
| 1989 | 1990 | 1991 | 1992 | 1993 | 1994 | 1995 | 1996 | 1997 | 1998 |
| 5 | 8 | 6 | 5 | | | | | | |
| 1999 | 2000 | 2001 | 2002 | 2003 | 2004 | 2005 | 2006 | 2007 | 2008 |
| 1 | 1 | | 2 | 3 | 1 | 1 | | 3 | 1 |
| 2009 | | | | | | | | | |
| 9 | | | | | | | | | |

注：表中年代对应的色块为经济危机所处时间段，年代下方对应的数字为摩天大楼的建成数量。

　　同样，课题组将改革开放以来中国的经济周期和摩天大楼的建设时间进行了比较，如图 2-2 所示。从图中可以看出：①在 1976—2010 年间，每个经济周期内都有摩天大楼的高度被刷新；②第三经济周期（1991—1999 年）期间，我国摩天大楼高度纪录刷新地最为频繁，且上海金茂大厦建成当年正是经济处于低谷之年；③摩天大楼的建成时间和经济周期谷底并不构成严格的对应关系，但进一步观察发现，在 7 次摩天大楼刷新纪录中，有 2 次处于经济谷底，2 次建成次年为经济谷底，1 次建成前一年为经济谷底，2 次建成后经济连续下滑直至谷底。由此可见，我国摩天大楼的建设与经济周期也存在一定的关联，"劳伦斯魔咒"在一定程度上仍然可能存在。

　　但我们并不能就此给"劳伦斯魔咒"的存在与否下结论。摩天大楼纪录的更替既具有必然中的偶然性（例如，抗震技术的突破使日本 1964 年取消了建筑不能高于 31m 的限制），也具有偶然中的必然性（例如，1996 年世界最高

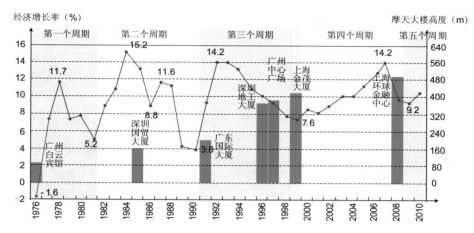

数据来源：黄涛《对改革开放以来我国经济周期的分析》及本报告图1-6（未考虑中国香港和台湾的摩天大楼记录）。

**图2-2  我国经济周期与摩天大楼建成年份比照（1976～2010）**

建筑落户吉隆坡，看似偶然，却被认为是时任首相马哈蒂尔的"金字塔"，是其对高度崇拜的产物）。同时，经济繁荣和衰退周期也极其复杂，是多种系统因素共同作用的结果。因此，要建立摩天大楼与经济之间的关系，需要寻找二者之间或有或无的"劳伦斯魔咒"之线。

对此，"坎蒂隆效应（Cantillon Effect）"给出了一定的解释，认为货币供应量会影响到利率，其继发影响取决于货币是如何注入经济体的，利率的变动则会影响长期资本、短期资本、消费品之间相对价格的变动，而这又会影响到生产结构的变化。对于摩天大楼来说，这种影响就是利率对土地价值和资本成本、企业规模以及对兴建大楼的技术等三方面的影响效应。

为此，课题组进一步统计，分析我国200m以上摩天大楼的建成数量与经济周期之间的关联，如图2-3所示。

从图2-3可以看出，①我国摩天大楼的集中建成期分为三个阶段，即1990年，1996—2004年和2005年至今，而这三个时期中摩天大楼建成较多的年份基本和经济谷底相对应，呈镜像"U"形关联，但规律并不严格；②三个时期摩天大楼的建设总量显著增加，超过200m的分别为2栋、53栋和103栋。

而按照目前的建设计划，2013年我国将新增200m以上超高层64栋，

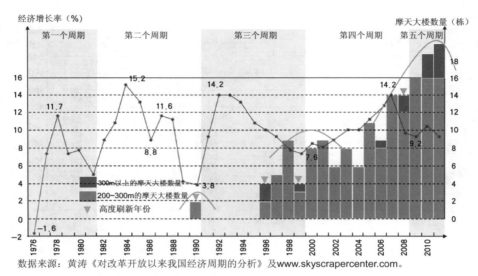

数据来源：黄涛《对改革开放以来我国经济周期的分析》及www.skyscrapercenter.com。

图2-3　我国经济周期与摩天大楼建成数量的年份比照(1976～2012)

2014年46栋，2015年18栋，未来5年将新增300m以上摩天大楼46栋，500m以上的5栋，规划建设的则更多。我国已经进入到全球历史上从未有过的摩天大楼"井喷"阶段，存在巨大的经济萧条"预示"风险。这和目前的各项机构预测和规划目标基本一致，如图2-4所示。

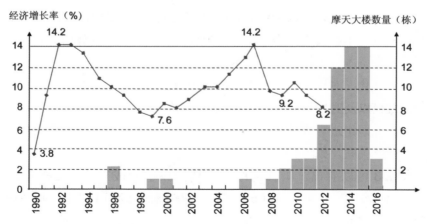

数据来源：①同图2-3及互联网资料；②经济增长根据预测及我国"十二五"经济增长目标；
　　　　　③图中统计的为300m以上的摩天大楼建成时间。

图2-4　300m以上摩天大楼的建成数量与经济增长预测关系(1990～2016)

## 2.3 摩天大楼与房地产周期之间的关系

拉斯·特维德在《逃不开的经济危机》一书中认为，房地产市场是经济周期之母，房地产周期的高峰和股票及商品市场的高峰没有非常直接的联系，但是每一次房地产危机则与整体经济的恶化是一致的；房地产虽然存在短期的波动，但主要的萧条平均每隔 18 年，或者 20 年才会出现一次。房地产活动位于趋势水平下方的最短时间不少于 10 年，而最长时间则达 26 年之久，换句话说，这种"清理残局"的过程，对经济有很大的拖累，且时间很长。

拉斯·特维德将房地产周期分为初期、中期、顶峰、崩溃边缘、崩溃和瘫痪六个阶段，每个阶段的特征如图 2-5 所示。

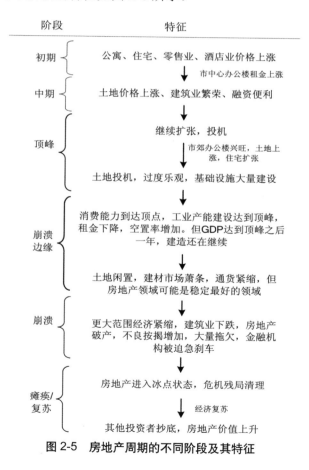

图 2-5　房地产周期的不同阶段及其特征

图 2-6 为 1996 年以来我国固定资产投资和房地产投资增长与 200m 以上大楼建成数量的时间对照关系。从中可以看出 1998—2004 年房地产投资增长速度高于固定资产投资，而 2005 年至今则呈现交错关系。

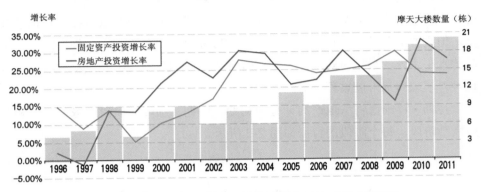

**图 2-6　我国房地产周期与摩天大楼建成数量的时间对照关系**

此外，从图 2-6 也可以看出，我国自 1998 年以来固定资产投资和房地产投资一直保持高增长率，但摩天大楼的建成数量和当年的房地产投资增长并没有直接的规律性关系。考虑到摩天大楼的建设时间通常为 3～5 年，二者是否存在更为明显的关系，还需要进一步分析。并且，由于摩天大楼的投资在整个房地产投资中所占比重也较小，因此也很难得出摩天大楼是拉动投资的重要引擎。但也不可否认，在固定投资和房地产投资高增长率的背景下，摩天大楼建设的催生也在情理之中。摩天大楼与经济和房地产周期之间似乎是"鸡与蛋"的难题。

另一个不容忽视的背景是，在 1992—1994 年高投资后，我国房地产一直处于稳定增长阶段。如果房地产长周期是 18～20 年，从 1995 年算起，目前仍然在这个长周期内，虽然没有明显的萧条迹象，但 2015 年前后可能进入崩溃边缘期。根据拉斯·特维德的观点，以下六个警示信号是有用的。

　　□　出售天数的增加；

　　□　一个城市中未销售住房数量的增加；

　　□　卖方报价与成交价格比率的下降；

　　□　出售超过 120 天的住房数量的增加；

　　□　为投资所购买房地产所占比重的增加；

　　□　抵押申请数量的下降。

## 2.4　中国的摩天大楼泡沫是否存在

　　巴克莱资本（Barclay Capital）的 2012 年研究报告认为，中国可能存在目前全球最大的摩天大楼泡沫，目前全球在建的摩天大楼 53% 位于中国，到 2017 年将有 141 栋摩天大楼，占 87%。值得注意的是，已建摩天大楼有 70% 位于长三角和珠三角发达地区，但 2012—2017 年在建的摩天大楼超过 50% 集中在内陆二、三线城市，如图 2-7 所示。

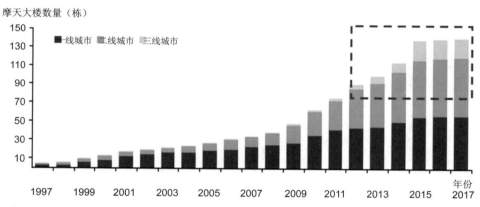

数据来源：根据巴克莱资本研究报告《Skyscraper index： bubble building》。
注：该报告所涉及的摩天大楼样本不局限于300m。

**图2-7　中国目前在建摩天大楼的数量及分布(1997 ~ 2017)**

　　但中国是否真的存在摩天大楼泡沫，不能简单地从总体数量和整体分布来判断。住宅房地产泡沫的单一评价指标，通常包括房地产价格增长率 / 实际 GDP 增长率（超过 2 倍以上）、房价收入比（超过 8 倍以上）、实际房价 / 理论房价（偏高）、空置率（超过 10%）等。考虑到摩天大楼的特征，采用空置率进行测量较为简便易行。

　　本报告选取已建和在建的 300m 以上摩天大楼及其所在的城市进行泡沫的初步测量，见表 2-2。

我国摩天大楼泡沫的初步判断　　　　　　表 2-2

| 序号 | 城市 | 摩天大楼数量 | | 城市级别 | 空置率 | 写字楼供需排名 | 机构观察 |
|---|---|---|---|---|---|---|---|
| | | 在建 | 已建 | | | | |
| 1 | 上海 | 2 | 3 | 一线 | 6.0% | 3 | 供需两端活跃 |
| 2 | 广州 | 3 | 2 | 一线 | 13.7% | 4 | 整体平稳，供应增多 |
| 3 | 北京 | / | 1 | 一线 | 5% | 8 | 供不应求，空置率下降 |
| 4 | 深圳 | 4 | 3 | 一线 | 8.4% | 6 | 供应充足，空置率稳定 |
| 5 | 重庆 | 2 | / | 1.5线 | 30.9% | 24 | 新增较多，空置率提高 |
| 6 | 沈阳 | 5 | / | 1.5线 | 7.8% | 22 | 需求旺盛，供应持续 |
| 7 | 天津 | 5 | 1 | 1.5线 | 17.7% | 12 | 存量消化，供应激增 |
| 8 | 武汉 | 1 | 1 | 1.5线 | 14% | 29 | 持续供应，空置率提高 |
| 9 | 南京 | 1 | 1 | 1.5线 | 14.8% | 16 | 新增多，短期消化难 |
| 10 | 大连 | 4 | / | 1.5线 | 9.3% | 34 | 需求旺盛，新增较多 |
| 11 | 苏州 | 1 | / | 1.5线 | / | / | / |
| 12 | 宁波 | 1 | / | 二线 | 18.9% | 19 | 没有新增，市场逐步成熟 |
| 13 | 无锡 | 2 | / | 二线 | / | / | / |
| 14 | 合肥 | 1 | / | 二线 | / | 10 | / |
| 15 | 昆明 | 1 | / | 三线 | / | 18 | / |
| 16 | 常州 | 2 | / | 三线 | / | / | / |
| 17 | 烟台 | 1 | / | 三线 | / | / | / |
| 18 | 福州 | 1 | / | 三线 | / | 20 | / |
| 19 | 温州 | / | 1 | 三线 | / | / | / |
| 20 | 芜湖 | 1 | / | / | / | / | / |
| 21 | 镇江 | 1 | / | / | / | / | / |
| 22 | 柳州 | 1 | / | / | / | / | / |
| 23 | 江阴 | / | 1 | / | / | / | / |

数据来源：①仲量联行报告《中国新兴城市50强》；②www.skyscrapercenter.com；③空置率和机构观察部分来自于世邦魏理仕《指数中国》（2012年第一季度）优质办公楼报告；④写字楼供需指标来自于《中国房地产白皮书（2010—2011）》中国35个大中城市写字楼供需排行。

从表 2-2 可以看出，除北京、上海、广州、深圳外，新兴发展的 1.5 线城市虽然经济较为发达，但写字楼需求水平并不高，且空置率普遍较高，写字楼过剩严重，再加上持续的高端写字楼供应释放，未来摩天大楼的写字楼出售和出租都具有很大挑战，存在较大的泡沫风险。以天津为例，据世邦魏理仕发布的 2012 年第一季度物业市场报告，到 2014 年，天津市新增优质写字楼存量超过 500 万 m²，按过去 16 个季度的平均吸纳量计算，消化周期需要 60 年，而目前天津在建摩天大楼为 5 栋，是国内 300m 以上摩天大楼在建数量最多的两座城市之一。

此外，摩天大楼高额的建造成本和运营成本也是影响其出租和销售的巨大障碍，致使摩天大楼并不一定具有市场竞争力。根据我国已建成 300m 以上的摩天大楼相关数据，高度在 300 ~ 430m 之间的单方投资在 1 ~ 1.6 万元 /m²，450m 以上的在 2 ~ 2.5 万元 /m² 左右，而地标性建筑一般高出同类型其他建筑 20% ~ 30% 的租价和售价。但是，由于不同地区高端写字楼租售价格存在较大差异，而摩天大楼的建造成本并没有明显的地区差异，这会导致此部分的溢价空间不一定能弥补高昂的建造和运营成本。

为此，课题组选取上海陆家嘴和重庆解放碑两个典型案例进行初步比较。

针对上海陆家嘴 CBD 区，本报告选取上海环球金融中心、金茂大厦、国金中心、中银大厦和东方金融广场为例，进行了出租和出售价格对比，见表 2-3。从中可以看出，标志性摩天大楼的办公租金或售价确实高于一般高等级办公楼，但并不是唯一因素，新建高等级办公楼同样具有较好的收益。

**上海陆家嘴典型优质办公楼租售价格对比**　　　　　　表 2-3

|  | 环球金融中心 | 金茂大厦 | 中银中心 | 国金中心 | 东方金融广场 |
|---|---|---|---|---|---|
| 高度 | 492m | 420m | 258m | 250m | 99m |
| 建成时间 | 2008 | 1998 | 1997 | 2010 | 2012 |
| 租金 | 11 ~ 13 | 13 | 8.8 | 16 | 7 |
| 售价 | 10 ~ 15 | 8 | — | 8 | 6 |
| 物业管理费 | 45.5 | 27.25 | 31.5 | 40 | 28 |

数据来源：租售价格来源于搜房网2012年6月份数据。
　　　　　①租金：元/天/m²；②售价：万元/m²；③物业管理费：元/月/m²

针对重庆解放碑 CBD 区，本报告选取重庆国际金融中心、重庆世界贸易中心、大都会商厦、创汇首座大厦以及新华国际进行对比，见表 2-4。从中可以看出，标志性摩天大楼的办公租售价格也与其他高度的高品质办公楼差异较大，但非最高楼的租售价格差异并不大。值得注意的是大都会商厦虽然建设较早，高度也仅 145m，但租金却较高，且没有在售房源，分析认为这与大楼的历史意义（重庆列为直辖市的形象工程）、集中众多 500 强公司以及物业管理水平有关。

重庆解放碑典型优质办公楼租售价格对比　　　　表 2-4

| | 英利国际金融中心 | 重庆世界贸易中心 | 大都会商厦 | 创汇首座大厦 | 新华国际 |
|---|---|---|---|---|---|
| 高度 | 288m | 283m | 145m | 106m | 238m |
| 建成时间 | 2011 | 2004 | 1997 | 2010 | 2010 |
| 租金 | 5 | 2.3 | 4.5 | 2.3 | 2.3 |
| 售价 | 2.7 | 1.2~1.5 | — | 1.5~1.7 | 2~2.7 |
| 物业管理费 | 15 | 10.5 | 10 | 11 | 10 |

数据来源：租售价格来源于搜房网2012年6月份数据。
注：①租金：元/（d·m²）；②售价万元/m²；③物业管理费：元/（月·m²）

通过以上比较发现，一个城市的标志性最高摩天大楼的租售价格确实高于其他高品质办公楼，但高度并不是影响办公楼租售价格的唯一因素，且一旦高度被打破，租售价格可能会随之大幅度下滑。除此之外，二线城市和一线城市的摩天大楼办公租售价格和物业运营费用差别巨大，但工程造价并没有较大的差异，可见二线城市的摩天大楼投资价值要远远低于一线城市。二、三线城市建设摩天大楼存在一定的非经济因素推动。换言之，二、三线摩天大楼的建设热潮存在较大隐患。

## 2.5　摩天大楼高度的影响因素

摩天大楼究竟应该建多高较为合理？似乎较难给出一个合理的答案，主要是因为决定摩天大楼高度的因素太多，包括经济因素和非经济方面因

素，周边环境因素和政策因素，理性因素和非理性因素等。美国罗格斯大学
（Rutgers University）研究人员根据纽约摩天大楼统计资料，运用博弈理论
和数理统计方法对摩天大楼高度的决定因素进行了研究。研究表明：开发商
决定摩天大楼高度主要是出于经济利益最大化和摩天大楼高度之争的考虑。
他们还构建摩天大楼理想高度评估模型，并以此对纽约 1895—2004 年建成
的 458 栋超高层高度进行评估，发现纽约超高层普遍"太高"，其实际高度
比理想高度高了 15 层以上。由于相关数据不具备，课题组没有针对中国的摩
天大楼进行类似测算，但基本可以推定实际高度比理想高度要高出很多。为
了进一步分析摩天大楼的高度受哪些因素影响，课题组收集了全国 300m 以
上的摩天大楼 229 栋，涉及 44 个城市，从宏观上进行了研究，即分析一个
城市摩天大楼的最高高度、总体高度与 GDP、人口、城区人口密度之间的关系，
相关性分析如表 2-5 所示。

摩天大楼高度的影响因素：中国样本　　　　　　　表 2-5

| | 总数 | 总高度 | 最高高度 | GDP | 人口 | 城区人口密度 | 城市竞争力 |
|---|---|---|---|---|---|---|---|
| 总数 | — | .993** | .712** | .729** | .462** | .223 | .638** |
| 总高度 | | — | .704** | .746** | .435** | .268 | .661** |
| 最高高度 | | | — | .563** | .377* | .122 | .486** |
| GDP | | | | — | .636** | .407** | .858** |
| 人口 | | | | | — | .052 | .333* |
| 城区人口密度 | | | | | | — | .398** |
| 城市竞争力 | | | | | | | — |

注：**在0.01的显著水平；*在0.05的显著水平。
数据来源：①摩天大楼数据为课题组整理，包含已建、在建和规划建设；②GDP、人口、城区人口密
度数据来源于《中国城市统计年鉴2011》；③城市竞争力数据来源于《中国城市竞争力报告
2012》中各城市2011年竞争力指数。

从表 2-5 可以看出，各城市摩天大楼的总高度和最高高度均与 GDP、人
口、城市竞争力有相当程度的相关性，但和城区人口密度并没有直接相关性，

300m 以上摩天大楼的总量和城区人口密度也没有直接的关联。由此可见，摩天大楼的建造主要和城市经济发展实力有关，而并非由人口密度过大驱动。最高高度与 GDP 和城市竞争力关系如图 2-8 所示。

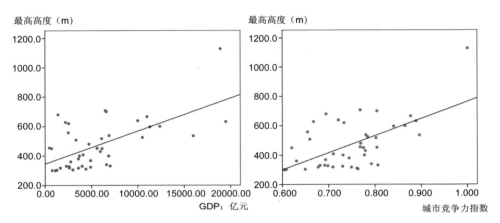

**图 2-8　最高高度与 GDP 和城市竞争力关系**

　　为了进一步印证这一结论，课题组对 1992 年以来全国 150m 以上摩天大楼进行再次验证。以省份为基础，通过空间计量经济学模型，分析了摩天大楼的总量、最高高度和高度总和与 GDP、人口和城区面积之间的关系，得到了类似结果，同时也发现临近省份之间并没有明显的空间传递效应，即不存在临近省份明显的"高度竞赛"或"攀比"现象，但这并不排除不同省份或不同城市之间的"高度攀比"心态，需要更大范围的跨地域空间计量经济学分析。

# 参考文献

[1] Mark Thornton. Skyscrapers and Business Cycles. the Quarterly Journal of Austrian Economics，2005，8（1）：51-74.

[2] Lawrence Andrew. the Curse Bites：Skyscraper Index Strikes. Property Report. Dresdner

Kleinwort Benson Research（March 3），1999.

[3] Lawrence Andrew. the Skyscraper Index：Faulty Towers! Property Report. Dresdner Kleinwort，Benson Research（January 15），1999.

[4] Barclays Capital. Skyscraper Index：Bubble building. Equity Research，10. January，2012.

[5] 任宏，王林 著 . 中国房地产泡沫研究 . 重庆大学出版社，2008.

[6] Jason Barr. Skyscraper Height. Presented at the NBER Summer Institute Workshop on the Development of the American Economy，2008.

# 3 文化视角：摩天大楼与社会文化的互动关系

## 【本章观点和概要】

☐ 2012 年是我国摩天大楼开工建设的高峰，目前在建的 80 栋 300m 以上的摩天大楼中，有 27 栋建于 2012 年，近 34%，并有诸多超高摩天大楼的建造规划或设想发布，受到了广泛关注，摩天大楼的攀比行为，被视为一种纯粹的"高度比拼游戏"。高度，似乎成了摩天大楼竞赛的唯一指标。

☐ 摩天大楼的建造离不开文化背景。不同于西方国家的是，在经济和工业化快速但不均衡发展的大背景下，我国摩天大楼的建筑文化是多元的，既有 20 世纪初的功能主义、技术至上，也有中晚期的极端个人主义、追求时尚以及 21 世纪的绿色低碳、可持续发展诉求，是一种多元因素的叠加。

☐ 在中国特殊的文化背景下，摩天大楼被赋予了浓厚的社会心理情结，如摩天大楼高度的含意、名称的寓意、外形的象征意义、风水因素等。

☐ 国内许多古城具有悠久的历史文化，但随着充满现代化色彩的摩天大楼的建设，使得城市特有的文脉无法有效延续，一些历史印象逐渐丧失，"千城一面，一城千面"已成为国内城市的普遍特征。

☐ 摩天大楼由于其标志性和凸显性，其文化寓意总会有不少"曲解"，尤其是近几年，关于这一问题的"口水之战"越演越烈。这也不能不说是权利审美、公众审美和专业审美三者的碰撞，技术主义与文化主义的碰撞，传统文化与现代文化的碰撞，中国文化与西方文化的碰撞，国内建筑师和境外建筑师的碰撞等所致。

尤其是那些从麦田中拔地而起的新兴国家和城市，无不把自己的经济成就和自豪感主要寄托在对建筑物高度的追求上。

——纽约时报 1995 年 6 月 25 日的一篇文章

每个国家都应有值得抬头仰望的物品，矮个子必须站在台阶上。而吉隆坡的这座石油大厦就是马来西亚的台阶。

——马来西亚前总理马哈蒂尔在吉隆坡石油双塔启用仪式上的演讲

## 3.1 高度：摩天大楼竞赛的唯一指标

"危楼高百尺，手可摘星辰"、"会当凌绝顶，一览众山小"、"三万里河东入海，五千仞岳上摩天"……从这些诗句中就可以折射出我国由来已久的"攀高"欲望。而随着经济、科技的不断发展，使得摩天大楼的不断攀高愿望得以实现，这掀起了城市间一波未平、一波又起的"夺冠暗战"。

在中国，"第一高度"被不断刷新。1997 年建成的广州中信大厦以 391m 的高度成为当时中国的第一高，一年以后落成的上海金茂大厦以 420m 的高度让中信失去了"第一"的称号。但短短几年便风光不再，"第一"的名头被相距不远的环球金融中心以 492m 的高度摘走。之后，上海中心又被戴上了"第一高"的桂冠。但它们的高度还在不断被超越。目前看来，2014 年的摩天大楼桂冠非规划高度为 660m 的平安国际金融中心莫属，但它称王的时间不会太久，因为在目前国内规划的摩天大楼中，珠海横琴十字门 CBD 项目 680m，天津于家堡项目 700m，青岛 777 大厦 700m……近期，湖南长沙又宣布，将兴建世界第一高楼"天空城市"，建成后比著名的迪拜哈利法塔还高 50 层。

甚至，一些摩天大楼在建造过程中不惜修改原有设计来争夺"第一"。上海环球金融中心，原设计高度 460m，因受到亚洲金融危机的影响，工程曾一度停工。直至 2003 年 2 月，上海环球金融中心才传出复工信息。但此时，460m 已经算不上"世界第一高了，因为几个月后就要完工的台北 101 大厦将会以 480m 的主体高度成为世界第一。为了重新夺回"世界第一"，上海环球金融中心重新进行规划设计，高度改为 492m。武汉绿地中心为了超过上海中心，夺取中国第一高度，一度传言将高度从原先的 606m 修改为 636m。同时，武汉有关方面拟规划建设 666m 的汉正街大楼以及 707m 的沿江大楼。

高度，成为摩天大楼竞赛的唯一指标！

## 3.2 动力：摩天大楼为何成为"城市代言人"

20～30层的高层建筑是有必要的，因为可以有效地利用土地，在繁华商业区也需要人员的集中。但盖400m以上的建筑，那恐怕就是为了另外一种目的了，考虑的不是建筑的使用功能，而完全是为了炫耀。

——清华大学 关肇邺教授

高度是信心的象征，也是野心的体现。从各级城市纷纷争夺第一高楼桂冠的事实中可以看出，与其说摩天大楼是孤立的建筑现象，不如说它折射了中国一定时期的社会文化心理现象。总结起来，摩天大楼的建设主要由两只手在推动，一个是地产商的价值法则，另一个则是政府之手。

**地产商的价值法则**

据统计，目前仅绿地集团已建和在建的300m以上的超高层就有7栋，包括606m的武汉绿地中心、518m的大连绿地中心等。除了绿地以外，瑞安、苏宁置业等地产集团也纷纷进军摩天大楼的建设。那么是什么原因促成了地产商和摩天大楼的一次次"姻缘"呢？

一般观点认为，地产商参与摩天大楼建设的原始动力，是源于商业价值的诱惑，地产商或财团对高售价、高租金回报的期望。但现在，已非如此。北京大学环境学院城市规划系主任吕斌教授在他的研究结果中指出，从帝国大厦直到今天，近100年的统计数据揭示出一个让人无奈的事实，那就是绝大多数摩天大楼的运营都是亏本的。那么，既然开发商很难从貌似"遍地黄金"的摩天大楼中尝到甜头，为什么还都蜂拥着加入到这一队伍中来呢？首先，开发商建摩天大楼不仅拿地便宜，还能得到地方政府的其他支持，如土地出让金，营业税、所得税等奖励性补助甚至其他方面的优惠政策或利益交换。其次，修建摩天大楼，可以看成是企业和财团的一种"行为艺术"和"长期广告"，是向世人昭示软硬双向实力的绝佳平台。地产商的这种想要"扬名"的心理作用，也大大刺激了其想要"摸天"的愿望。

**地方政府的"政绩工程"**

产业、GDP、文化是城市之间竞争的重要因素，而在城市经济的增长、建筑技术的进步、长官意志和不断膨胀的城市荣誉感等多重因素的驱动下，摩天大楼渐渐也成为了城市间竞争的一个重要方面，甚至成为城市形象的"代言人"以及彰显地方政绩的有力道具。在某些从政者看来，一个城市无论大小，无论贫富，如果没有摩天大楼高高耸立，似乎就不够现代化，从而也就显得为官一任，政绩平平，脸上无光，而摩天大楼作为一种显示财富和实力的"政绩"，比任何其他政绩都具有视觉冲击力。

于是，在这种长官意志、政绩工程因素的驱动下，由政府立项，开发商投资兴建摩天大楼的模式逐渐成为主流，摩天大楼的攀比行为愈演愈烈，近年来更是演化成一种纯粹的"高度比拼游戏"。这种偏执的高度追求，被今日的中国建筑批评家称为"高度美学"，它企图以"高度"这一唯一标准，去实现梦寐以求的"现代化"。

## 3.3 多元性：摩天大楼文化离不开的时代背景

不同国家、不同地区、不同城市有不同的历史，继而有不同的文化，即使是同一个国家、地区或城市，在不同的历史发展阶段也有不同的文化。因此，摩天大楼文化也离不开时代背景。表 3-1 为不同历史时期摩天大楼文化的多样性。

摩天大楼在不同历史时期的文化特征　　　　　　表 3-1

| 历史时期 | 社会特征 | 文化信仰 | 代表建筑 | 文化特征 |
|---|---|---|---|---|
| 远古时期 | 农业文明 | 物化自然 | 巴比伦塔 | 摆脱自然的威胁，差异化的原生态 |
| 中世纪 | 宗教文明 | 精神自由、王权统治 | 欧洲的教堂尖塔 | 竖向的同质性 |
| 20世纪初 | 工业文明 | 技术创新 | 帝国大厦、芝加哥家庭保险大厦 | 功能主义、技术至上、与人文脱离 |
| 20世纪中晚期 | 后工业社会 | 自由、多元 | 西尔斯大厦、吉隆坡双子塔 | 极端个人主义、反主流文化、求新时尚 |
| 21世纪初期 | 信息生态文明 | 知识信仰 | 台北101大楼、上海环球金融中心 | 动态交互的信息创新、可持续发展 |
| 21世纪中后期 | 绿色产业社会 | 生态文化信仰 | 生态型摩天大楼、新加坡EDITT大楼 | 人与自然和谐、绿色低碳 |

资料来源：《高层建筑文化特质及设计创意研究》，姜利勇。

但是，我国摩天大楼的发展历史和西方显著不同。以美国为典型代表的国家，摩天大楼经过了近百年的发展历史，而我国大规模的建设仅仅 15 年左右。这 15 年，也正是我国经济高速发展和工业化进程加快的重要阶段。根据中国社科院的研究，目前中国整体上已经进入工业化中期的后半阶段，但发展不均衡，其中上海、北京已经进入后工业化阶段，但河南、海南、贵州等处于工业化初期，西藏尚处于前工业化阶段。因此，不同于西方国家的是，在经济和工业化快速但不均衡发展的大背景下，我国摩天大楼的建筑文化是多元的，既有 20 世纪初的功能主义、技术至上，也有中晚期的极端个人主义、追求时尚以及 21 世纪的绿色低碳、可持续发展诉求，是一种多元因素的叠加，如图 3-1 所示。

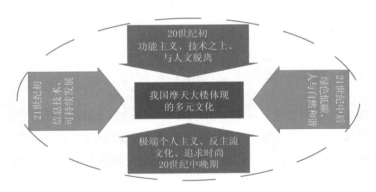

图 3-1　我国摩天大楼建筑文化的多元叠加

## 3.4　社会心理：摩天大楼的重要情结

宏伟的建筑是消除我们民族自卑感的一剂良药。任何人都不能只靠空话来领导一个民族走出自卑。他必须能建造一些能让民众感到自豪的东西，那便是看得见、摸得着的建筑。这并不是在炫耀，而是给一个国家以自信。我们的敌人和朋友一定要认识到这些建筑巩固了我们的政权。

——阿道夫·希特勒《我的奋斗》

摩天大楼是"巴别塔情结"的一种历史体现。根据《旧约·创世纪》记载，巴比伦人曾经宣布，"我们要建造一座城和一座塔。塔顶通天，为要传扬我们的名…"。这个简短的声明清晰地传达了高度所代表的社会心理情结——传扬名声。发展到现在，摩天大楼所代表的社会心理情结不仅包括扬名，还包括高度的含义、象征意义和风水等。

作为一种特殊的中国古代文化，"风水"已经深深地渗透于方方面面，成为一个不可回避的话题，影响了一代又一代建筑观念。而摩天大楼是城市的代言人，作为这样一个代表着公共形象的角色，摩天大楼的建造也会涉及到风水这一社会心理问题。

在中国的摩天大楼中，上海环球金融中心就曾被暗示涉及风水、民族感情等社会心理现象，如图3-2所示。

图片来源：互联网。

**图 3-2　上海环球金融中心的风水传言图示**

据环球网报道，由日本森大厦投资兴建的上海环球金融中心，最初的设计方案就遭到中国人的非议。评论分析，原方案容易引起三个方面的联想：首先，大楼正面做成"两把三八枪刺刀托起一轮红日穿破大地"之状，让人想起抗日战争时期日本军人使用的三八大盖刺刀，深深地刺痛了至今仍痛恨着那段耻辱史的中国人的心；其次，环球金融中心外形酷似日本的"大东亚圣战大碑"，树其信仰以羞辱中国人的历史和信仰；再次，上海的地理位置犹如鱼腩，侧面做成一把刺刀状，整体穿在鱼肚上，造"旱日鱼肚白"之势，且此楼刚好是在陆家嘴龙脉的正东方，金融本身就是属金的，东方属木，所谓克者为用材，正是赚钱的好地方，就是书中所云的"卷龙留水口"。一旦在这个水口中间用重金的刀刃形建筑劈开，就造成风水中的"青龙刀刃入，金枯水止"。在风水上也可解释为"一剑封喉局"。

此外，华西村 2011 年建成的 328m 摩天大楼也蕴含了丰富社会心理因素。例如有关高度，根据南方周末的记者采访，华西建设公司副总经理郭安定说"最初计划主楼建 50 层，意在 2011 年为华西建村 50 年献礼，后来考虑到去年是新中国成立 60 周年，改成了 60 层"。华西村老书记吴仁宝最后将高度定为 328m，他给出的解释是"北京最高楼也是 328m，华西村要和北京保持高度一致"。

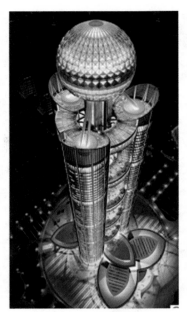

图 3-3　空中华西村

有关大楼的名字"增地空中新农村大楼"含义为"中国新农村的高度"，后来又改为龙希国际大酒店，意为"龙的希望"。而其最终方案之所以胜出，缘于它的良好寓意，"华西明珠"的未来坚定稳固，5 个空中花园的"金、木、水、火、土"风格极具中国传统文化内涵，见图 3-3。

可见，摩天大楼的风水含义、传统文化象征和社会心理符号在中国尤其明显，如高度数字含义、外形寓意、大楼取名、图腾崇拜、庸俗迷恋、标新立异等。我国摩天大楼的"中国特色化"，是中国几千年的传统文化、社会风俗、社会心理的折射。

## 3.5　文化危机：文化的延续与冲击

有什么样的时代，就有什么样的建筑。

那些人们在地面上搞出来的巨大凸起，就像一座座无字的纪念碑，分明各有所指。

还有那些被拆掉的建筑，为什么建和为什么拆，就如一个硬币的两面。

当我们身边建起了大量令人吃惊的建筑，拆掉令人惋惜的房子，一定是有什么重要的事情发生了。

——《中国周刊》2012.5

摩天大楼在传承民族文化、彰显时代精神、塑造城市形象等方面具有显著的效果。但是，在当前的中国，摩天大楼除了上面提到的文化功能之外，还存在着一定程度的文化危机。

### 建筑形式的"千楼一面"似曾相识

摩天大楼既然是以"城市代言人"的身份出现在大家面前，那么仅靠"身高"肯定是不够的，还必须要有令人赏心悦目、独具特色的外观才行。但是中国的摩天大楼的外形，却逐渐呈现出一种"长相雷同"的趋势。为了对该问题进行研究，课题组将中国的摩天大楼按照设计师的不同分为外国建筑设计师摩天大楼作品和中国建筑设计师摩天大楼作品（华人设计师包括在内，如贝聿铭），按照这种分类方法对摩天大楼"长相"进行对比，可大致发现一些规律，见图3-4、图3-5。

图片来源：互联网，从上至下从左至右依次为广州国际金融中心（广州）、津塔（天津）、京基金融中心（深圳）、奥体苏宁中心（南京）、武汉绿地中心（武汉）、高银中国117大厦（天津）、国贸三期（北京）、环球贸易广场（香港）

**图3-4 外国建筑设计师摩天大楼作品**

图片来源：互联网，从上至下从左至右依次为中国尊（北京）、中国银行大厦（香港）、民生银行大厦（武汉）、台北101大厦（台北）、赛格广场（深圳）、紫峰大厦（南京）、高雄85大楼（中国台湾）、温州世界贸易中心（温州）、九龙仓国际金融中心（苏州）、中信广场（广州）

**图 3-5　中国建筑设计师摩天大楼作品**

　　从中可以看出，中国的设计师在摩天大楼的外观设计上总体上能够恰当的融合中国民族传统、地域特色，形式比较多样，如中国尊，融合了中国传统元素"樽"、"竹编"、"城门"、"孔明灯"四个传统元素；台北101大厦，融合了中国传统吉祥数字"8"，外观取形"中国古塔"、寓意节节进取的"劲竹"等；还有外观酷似蟠龙的南京紫峰大厦等。而外国建筑设计师设计的摩天大楼，虽然有像金茂大厦这样具有典型特征的建筑，但是多数摩天大楼在外观设计上缺乏"中国特色"，大多追求"现代化"，外观同质化较为严重。

### 地域传统建筑文化的延续与冲突

　　国内许多古城具有悠久的历史文化，也具有特殊的城市特色，已成为城市无法复制的名片。但随着城市化进程的加快，一些历史印象逐渐在丧失，"千城一面，一城千面"已成为国内城市的普遍印记。中国艺术研究院建筑艺术研究所副所长王明贤参与2010年畅享网"十大丑陋建筑"评选后，接受《中国周刊》记者时提到，"中国建筑存在两大问题，一是对传统建筑的拆除，二是建造大量的仿古建筑"。

以苏州为例，提到苏州，每个人都会在一瞬间被层层叠叠的古典意象所包围。它们是烟雨中的假山石桥，是被历代文人触摸过的园林庭院，是氤氲在每一个角落的江南水乡建筑……，但摩天大楼的印象似乎和这座城市很难联系起来，抑或我们可以称它是"另一个苏州"吧，如图 3-6 所示。

图片来源：互联网。第一行从左到右依次是苏州园林、苏州古镇、苏州新区。第二行从左到右依次是九龙仓国际金融中心，新鸿基大厦，东方之门双塔，环球188姊妹楼，中润苏州中心，新地香格里拉，凤凰书城，高新国际商务广场，尼盛广场，新地2期国际公寓，万豪酒店

**图 3-6　苏州城市风貌及苏州摩天大楼**

和苏州一样，北京也是我国悠久的历史文化古城，出于对古都风貌的保护，始终对建筑高度加以限制，但北京其实一直在长高。关肇邺院士曾说，北京要发展高层建筑也可以，但要放在适当的地方。北京未来的贸易中心区已定在东郊，那么如果在西北角靠近颐和园的地方盖上一座 500m 的高楼，比万寿山还高出好几倍，在颐和园里抬头就见楼，那颐和园还有什么意思？

不少城市在建设摩天大楼时切断了城市特有的文脉，以至于城市建筑失去可识别性。归根结底，这是文化自觉和文化创新意识的缺失。城市文化孕育着建筑文化，面对当今城市化的高速发展，在城市中进行摩天大楼建筑创作应该自觉地使建筑创作有利于历史文化的保护与时代新风的弘扬。建筑师只有站在历史的高度，从城市的视角来选择自己的平台，才能创作出真正符合城市特色的摩天大楼。

## 3.6 文化寓意：摩天大楼的建筑之魂

有些公共建筑并没有代表公众审美，往往是某些利益集团、甚至个人的审美。我们知道，城市建设和经济发展是目前政府工作考核的重要指标，而城市建设相对经济发展来说往往见效更快……"短平快"的建设节奏，加上某些领导"特殊"的审美需求，难免出现一批"非正常建筑"——它们开工快，建设快，忽略公共的美丑标准，成为权力在建筑领域的"图腾"。要知道，审美虽然带有主观性，但在任何一个时代，美丑都有相对明确的公共标准，建筑也是这样。

—— 郑时龄院士《解放日报》.2012.9

不管是有意还是无意，我国摩天大楼的设计总会尽力赋予一定的文化寓意，例如上述所讲的华西村大楼折射的社会心理现象。但同时，摩天大楼由于其标志性和凸显性，其总会暴露于公众视野之下，从而带来不少曲解或大众化解读，导致其原有的寓意丢失，这也不能不说是设计失败或决策者的审美极端个人主义所致。技术主义与文化主义的碰撞、传统文化与现代文化的碰撞、中国文化与西方文化的碰撞、国内建筑师和境外建筑师的碰撞、地域文化的丢失与同质倾向等，这些争论在中国建筑设计领域中从来没有停止过。但是，大楼一旦建成，就无法更改，或者成为图腾丰碑或者成为耻辱柱。尤其是近几年，随着各个城市掀起"摩天热"，关于这一问题的"口水之战"也越演越烈。

本报告收集了国内目前部分已建和在建摩天大楼的设计理念以及公众的"大众化解读"，如表 3-2 所示。

部分摩天大楼设计理念及"大众化解读"典例解析 　　　　表 3-2

| 典例 | 环球金融中心（上海） | 东方之门（苏州） | 团圆大厦（广州） | 上海中心 |
|---|---|---|---|---|
| 图例 | | | | |
| 设计理念 | 最初的方案是融合"天圆地方"的中国文化，外形设计成带有曲线的方形柱体，顶部"月亮门"式的开放式圆孔，后因国人的民族情结将"月亮门"修改成倒梯形 | 外观同苏州园林典型风格的月洞门产生联系，传达了创建苏州新门户的喻义；透过三条优美的抛物线生动地表现出吴文化刚柔相济的性格 | 设计创意来源于南越王墓中的"玉佩"和奥运奖牌"金镶玉"；圆环形的大楼，与在珠江水面倒影形成数字"8"，象征着大展宏图、八方聚财 | 采用"龙"型方案，外观呈螺旋式上升，建筑表面的开口由底部旋转贯穿至顶部呈非对称的卷折状造型 |
| 大众解读 | 啤酒瓶起子 | 秋裤门 | 大金环、大车轮 | 水蛇、报纸卷、油条 |
| 典例 | 方圆大厦（沈阳） | 央视大楼（北京） | 广州塔 | 香港环球贸易广场 |
| 图例 | | | | |
| 设计理念 | 古钱币造型，预示入驻的业主财源广进 | "侧面S正面O"的奇特造型 | 纤纤细腰 | 以龙为设计理念，意把天地海连成一线 |
| 大众解读 | 孔方兄 | 大裤衩 | 小蛮腰 | 半炷香 |

续表

| 典例 | 九龙仓国际金融中心（苏州） | 温州世界贸易中心 | 津塔（天津） | 广州国际金融中心 |
|---|---|---|---|---|
| 图例 | | | | |
| 设计理念 | 整体用"鲤鱼跳龙门"之"鱼"作为象征主题，寓意繁荣昌盛 | 以含苞欲放的花蕾为造型，寓意温州未来经济的繁荣发展 | 外形整体呈"扬帆远航"状；表皮形式融合传统"折纸"艺术 | 像珠江边一颗光芒四射的"通透水晶"，散发出现代化气息 |
| 典例 | 奥体苏宁中心（南京） | 金茂大厦（上海） | 如心广场（香港） | 中国尊（北京） |
| 图例 | | | | |
| 设计理念 | "陆地之舰"整体构造；"发光龙甲"裙楼构造；"永不熄灭"的景观地标 | 金茂大厦上小下大，逐节加快，似摩天宝塔一尊，巍峨神奇 | 高低两座楼分别以夫妇俩的名字命名，且两楼之间有一条透明天桥，寓意"手挽手" | 融入"樽"、"竹编"、"孔明灯"、"城门"四种中国古老元素 |
| 典例 | 台北101大厦 | 国际经贸中心（重庆） | 大连绿地中心 | 紫峰大厦（南京） |
| 图例 | | | | |

| 典例 | 台北101大厦 | 国际经贸中心（重庆） | 大连绿地中心 | 紫峰大厦（南京） |
|---|---|---|---|---|
| 设计理念 | 以中国人的吉祥数字"8"作为设计单元；多节式外观，宛若"劲竹"节节高升，象征了生生不息的中国传统建筑意蕴；斜立面与多层结构，有如鲜花绽放，富贵饱满，实现"一花一世界，一台一如来。台台皆世界，步步是未来"的东方原创理念 | 最高的楼形似两个相互叠加的帆船，两帆竞相升起，呈现出扬帆远航的境界，向重庆古老的航运文化、长江及嘉陵江这两条母亲河致意；塔楼外部设计由中国传统的"双喜屏"应运而生 | 像一座等待归航的"灯塔"，符合大连海港城市的地位；顶端部分镂空，耸入云端，使人想起巴比伦空中花园 | 融入了中国古老的蟠龙文化，蜿蜒流淌的扬子江以及花园城市的意象，独特的单元结构三角玻璃幕墙如龙鳞延建筑盘旋而上，阳光下巨龙奋起，辉映南京的城市气质 |

注：图片和资料来源于互联网。

从表 3-2 可以看出，摩天大楼融入的文化元素主要分为三类：中国古老的文化底蕴；地域文化特色；现代化和时代精神。另外，从摩天大楼的公共解读来看，一些摩天大楼能够很好地将特定的文化元素融入到建筑物的外形设计之中，并随着时间的沉淀而逐渐成为让人们喜闻乐见的建筑，如金茂大厦、台北101大厦等；与此相反的是，一些摩天大楼的文化寓意却被公众"曲解"，如央视大厦的"大裤衩"称号、东方之门的"秋裤门"称号等，必须引起重视。那么引起这一现象的背后原因到底有哪些呢？

首先，摩天大楼的设计方案缺乏公共表达。虽然近些年来，政府主导的公共建筑在流程上也常常公布方案吸纳民意，但大多数时候这种征询与倾听只是一种姿态，没有多少实质性意义。地标性建筑被起绰号这一现象的背后代表着市民主人翁意识的觉醒。如果摩天大楼在建设之初就广泛征集民意，那么想必它在建成之后也不会引起民众如此之大的反感。说到底，公共建筑被调侃的经历是一种参与权利的博弈：一方仍习惯以往的做派；另一方却打破固有的格局，寻觅到新的参与路径。

其次，公共建筑的外观争议涉及到审美层面的问题，而权力审美、公众审美、专业审美这三者很难统一起来。对于公众来说，评价一栋建筑物的美丑，更多的是凭直观感受，至于它所蕴含的文化特质，确实难以令非专业人士对其文化内涵窥斑知豹。因此，越是地标性建筑，越需要褪去傲慢的外衣，同时应将设计思考纳入大众感觉结构和公共审美中去。唯有如此,才能达成多方审美的平衡。

再次,没有坏建筑,只有坏搭配。摩天大楼需要与城市的自然环境和人文气质契合,如果不协调就会显得不伦不类。只有那些立足当下,并且能够将设计元素和谐的融入周边环境和整个城市文化的建筑,才能被广大群众所接受,也才经得住历史的检验。

就像学者冯骥才所说,一个城市的地标也是有生命、有灵魂的,它应该像历史人物一样,经过时代考验,才能永久存留在人的心里。就像埃菲尔铁塔和卢浮宫前的金字塔,建成之初也是备受争议,但是经过时间的洗礼也成为标志性建筑。因此摩天大楼的是非功过,除了上述因素的考虑外,还需岁月检验,因为岁月会让建筑在城市与历史中洗尽功利的铅华,从而让建筑绽放出应有的魅力。

# 参考文献

[1] 徐一龙 . 谁的建筑 . 中国周刊,2012.5.

[2] 杨熠 . 危楼高百尺——北京超高层建筑的是与非,特别企划,2011.

[3] 徐香梅,现代化不等于摩天大楼 . 新观察,2009.

[4] 尹朝阳,付倩 . 现代建筑的风水元素及心理分析 . 湖北美术学院学报,2011,1:83-86.

[5] 中国高楼热,各地争建高楼 . 环球网,2010-1-5.
    http://history.huanqiu.com/txt/2010-01/679971_13.html.

[6] 刘鉴强 . 不能把摩天大楼当做可供炫耀的东西 . 权威论坛,2002,第 87 期:44-46.

[7] 顾学文 . 丑陋的建筑在诉说什么—对话中国科学院院士、同济大学建筑与城市空间研究所所长郑时龄,解放日报,2012-9-28.

[8] 徐剑桥 . 胡亚柱 . 中国城市高楼暗战:赢得形象,失掉效益 . 经济纵横,2009.

[9] 陈新焱 . "与北京保持一致高度"的华西村大楼 . 南方周末,2011,112.

# 4 城市视角：摩天大楼与城市发展的互动关系

## 【本章观点和概要】

☐ 在已建成的全球高度前 100 位的摩天大楼中，我国占 32 栋，前 20 位占 9 栋，前 10 位占 5 栋；在建全球高度前 100 位的摩天大楼中，我国占 53 栋，前 20 位占 10 栋，前 10 位占 7 栋；全球规划高度前 100 位的摩天大楼中，我国占 59 栋，前 20 位占 13 栋，前 10 位占 5 栋。这样，未来预期的全球高度前 100 位的摩天大楼中，我国将占 52 栋，前 20 位占 11 栋，前 10 位占 5 栋。在超高摩天大楼中，我国将超过其他所有国家总和，如图 4-1 所示。

☐ 在拥有 300m 以上摩天大楼（包括已建、在建和规划）的 42 个城市中，摩天大楼总量排名前 10 的城市的总量之和占总体的 57.41%。最高的 10 座摩天大楼高度都在 588m 以上。

☐ 摩天大楼的建造呈现一种规律：从长三角、珠三角和京津冀，向中西部扩散；从一线城市向二、三线城市扩散，并逐渐形成了集聚区，这和我国的十大城市群的分布基本吻合。摩天大楼总量和区域经济实力直接相关。

☐ 通过构建并计算每个城市的摩天大楼建造指数，发现传统经济强市，如上海、广州、深圳等地仍然是摩天大楼建造的主要城市，另外一些二、三线城市也开始兴建摩天大楼，但是个别城市摩天大楼的建造规划和经济实力不匹配。

☐ 通过对典型城市研究发现，摩天大楼的发展历史折射出一个城市的经济发展历史，且不同的城市体现不同的特点。从总体上看，国家和城市重大战略、重大事件直接影响摩天大楼的建造，尤其是最高纪录的刷新。如国家级综合改革配套实验区、城市定位战略、亚运会和全运会、大规模新城区的开发等。如果以上因素叠加，可能刺激摩天大楼群的规划或创造高度新纪录。

□ 摩天大楼的建造往往由于城市核心区土地资源限制、城市形象需求和城市新区开发等所致。但摩天大楼吸引的庞大人群规模和极限高度对服务配套、公共设施配套和安全、防灾等提出了新的要求和新的挑战。

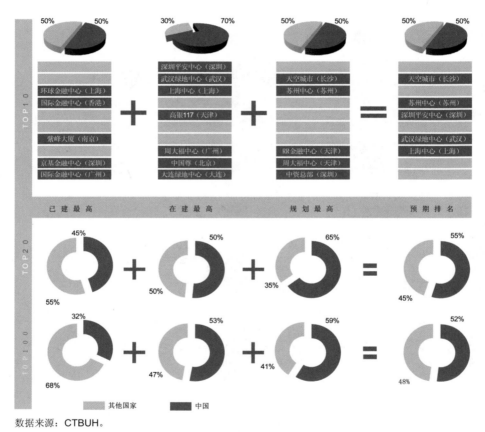

数据来源：CTBUH。

图 4-1　我国已建、在建、规划和预期最高摩天大楼占全球比例

## 4.1　我国各城市摩天大楼的建设现状分析

### 各城市摩天大楼总量分布

目前我国大陆地区已建 300m 以上摩天大楼 23 栋、在建 80 栋，规划达

到 56 栋；台湾地区已建 300m 以上摩天大楼 2 栋、在建 1 栋。我国共计有已建摩天大楼 25 栋、在建 81 栋、规划 56 栋，共 162 栋。相应平均高度分别为 377.68m、369.27m、408.32m。

考虑到数据的一致性，本章以下的分析主要是针对大陆地区的 159 栋摩天大楼进行。各城市摩天大楼总量和规划总量排序分别如图 4-2 和图 4-3 所示。分析可以看出，在 42 个城市中：①摩天大楼总量排名前 10 的城市摩天大楼的数量总计 93 栋，达到总量的 57.41%；②规划总量排名前 5 的城市摩天大楼的数量总和达 38 栋，占规划总量的 82.61%；③最高的 10 座摩天大楼高度在 588m 以上。

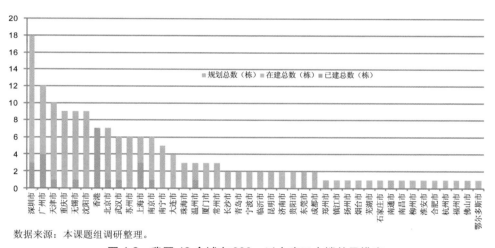

数据来源：本课题组调研整理。

**图 4-2  我国 42 个城市 300m 以上摩天大楼总量排序**

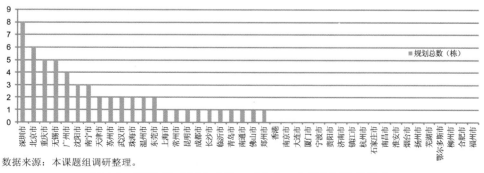

数据来源：本课题组调研整理。

**图 4-3  我国 42 个城市 300m 以上摩天大楼规划总量排序**

　　图 4-4 中（a）、（b）、（c）、（d）分别为我国 300m 以上已建、在建、规划的摩天大楼的分布图，从中可以看出摩天大楼的建造呈现从传统的长三角、珠三角和京津冀向中西部扩散，从一线城市到二、三线城市的发展趋势，由单个向摩天大楼群集聚的趋势。

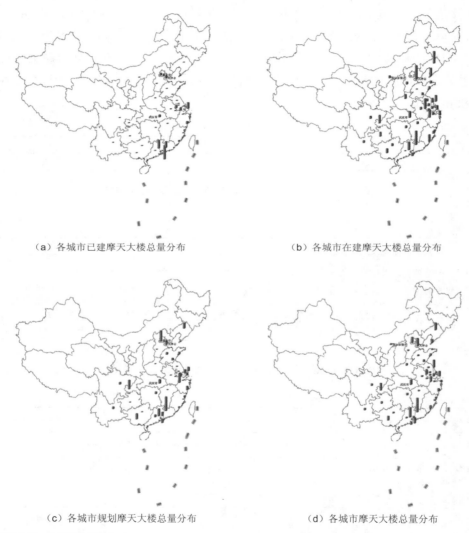

（a）各城市已建摩天大楼总量分布　　　　　　（b）各城市在建摩天大楼总量分布

（c）各城市规划摩天大楼总量分布　　　　　　（d）各城市摩天大楼总量分布

数据来源：本课题组调研整理。

注：图中柱状图高低代表数值的相对大小，各图之间数量级不同，本章下同。

**图 4-4　我国大陆地区 42 个城市 300m 以上摩天大楼总量分布图**

**各城市摩天大楼高度分布**

目前我国已建、在建和规划的300m以上摩天大楼中，规划的平均高度是已建平均高度的近1.08倍。各城市摩天大楼最高高度排序如图4-5所示。分析可以看出，500m目前仅排在12位左右，而排名前10位的城市中，仅上海、深圳、广州有运营400m以上摩天大楼的经验，有些甚至都没有建造和运营300m以上大楼的经验。

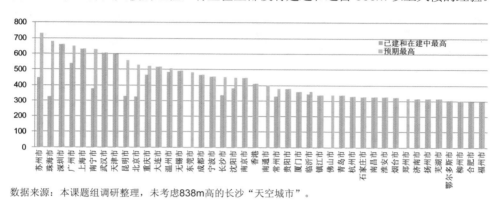

数据来源：本课题组调研整理，未考虑838m高的长沙"天空城市"。

**图4-5 我国42个城市300m以上摩天大楼最高高度排序**

图4-6分别为我国300m以上摩天大楼各城市分布特征，其中（a）为高度累计分布特征，（b）为最高高度分布特征。

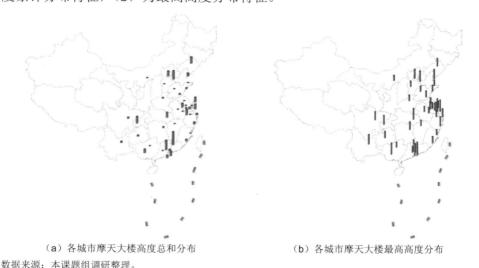

（a）各城市摩天大楼高度总和分布 　　　（b）各城市摩天大楼最高高度分布

数据来源：本课题组调研整理。

**图4-6 我国大陆地区42个城市300m以上摩天大楼高度分布特征**

本报告选取总量排名前 **14** 的城市进行各项指标分析，如表 **4-1** 所示。从图 **4-6** 和表 **4-1** 可以看出，长三角和珠三角仍然是摩天大楼建造的热点区域，京津冀、长江中游和辽中南城市群也逐渐成为摩天大楼的集中建造区，我国 **300m** 以上摩天大楼的建设主要集中在十大城市群。

<table>
<tr><td colspan="8" align="center">主要城市摩天大楼分布特征及城市指标</td><td align="right">表 4-1</td></tr>
<tr><td>总量<br>排序</td><td>城市</td><td>总量<br>（栋）</td><td>规划总量<br>（栋）</td><td>最高高<br>度排名</td><td>GDP<br>排名</td><td>城市竞争力<br>排名</td><td colspan="2">所在城市群</td></tr>
<tr><td>1</td><td>深圳*</td><td>18</td><td>8</td><td>3</td><td>6</td><td>5</td><td colspan="2">珠三角城市群</td></tr>
<tr><td>2</td><td>广州</td><td>12</td><td>4</td><td>4</td><td>4</td><td>6</td><td colspan="2">珠三角城市群</td></tr>
<tr><td>3</td><td>天津*</td><td>10</td><td>2</td><td>8</td><td>5</td><td>7</td><td colspan="2">京津冀城市群</td></tr>
<tr><td>6</td><td>沈阳*</td><td>9</td><td>3</td><td>11</td><td>17</td><td>16</td><td colspan="2">辽中南城市群</td></tr>
<tr><td>5</td><td>重庆*</td><td>9</td><td>5</td><td>14</td><td>8</td><td>34</td><td colspan="2">川渝城市群</td></tr>
<tr><td>4</td><td>无锡</td><td>9</td><td>5</td><td>19</td><td>10</td><td>56</td><td colspan="2">长三角城市群</td></tr>
<tr><td>7</td><td>北京</td><td>7</td><td>6</td><td>10</td><td>3</td><td>4</td><td colspan="2">京津冀城市群</td></tr>
<tr><td>8</td><td>香港</td><td>7</td><td>0</td><td>21</td><td>2</td><td>1</td><td colspan="2">珠三角城市群</td></tr>
<tr><td>9</td><td>苏州</td><td>6</td><td>1</td><td>7</td><td>7</td><td>11</td><td colspan="2">长三角城市群</td></tr>
<tr><td>10</td><td>武汉*</td><td>6</td><td>2</td><td>1</td><td>14</td><td>21</td><td colspan="2">长江中游城市群</td></tr>
<tr><td>11</td><td>上海*</td><td>6</td><td>2</td><td>5</td><td>1</td><td>3</td><td colspan="2">长三角城市群</td></tr>
<tr><td>12</td><td>南京</td><td>6</td><td>0</td><td>19</td><td>15</td><td>19</td><td colspan="2">长三角城市群</td></tr>
<tr><td>13</td><td>南宁</td><td>5</td><td>3</td><td>6</td><td>37</td><td>15</td><td colspan="2">—</td></tr>
<tr><td>14</td><td>大连</td><td>4</td><td>0</td><td>12</td><td>16</td><td>14</td><td colspan="2">辽中南城市群</td></tr>
</table>

数据来源：①GDP排名为2011年各城市在42个城市中的相对排名；②城市竞争力排名依据《中国城市竞争力报告2012》中各城市在全国的排名。

注：*为国家综合改革配套实验区。

## 4.2 我国各区域摩天大楼的建设现状分析

摩天大楼作为一个载体，集聚着一个区域较为高端的企业总部或分支机构，因此一座摩天大楼的建造往往象征一个或若干个企业的资金能力，以及一个城市的经济实力和发展能力，但若干座摩天大楼的集中建造往往是一个区域经济实力或发展潜力的表现。

根据统计，大陆地区拥有 **300m** 以上的摩天大楼（包括已建、再建或规划）

的各省、直辖市、自治区和香港特别行政区中，广东和江苏数量最多，已建、在建和规划总数分别是 36 和 28 栋，规划也最多，分别为 17 和 9 栋。进一步分析发现，从省域视角看，摩天大楼的建设总量和 GDP 有直接的关联，但摩天大楼的最高高度和 GDP 并没有直接关系。

图 4-7 为 22 个省、直辖市、自治区和香港特别行政区摩天大楼总量和高度排序。

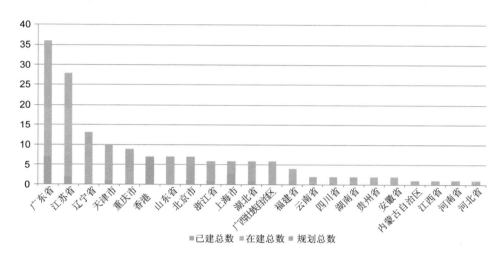

图例：已建总数　在建总数　规划总数

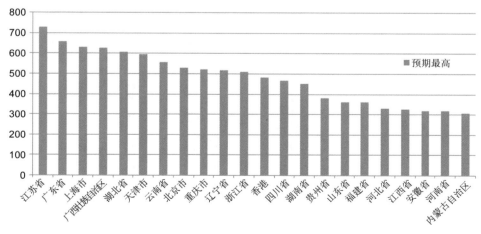

图例：预期最高

数据来源：本课题组调研整理。

**图 4-7　我国省域 300m 以上摩天大楼总量和高度排序**

　　图 4-8 分别为我国 300m 以上摩天大楼各省域分布特征，其中（a）为各省域总量分布，（b）为各省域规划总量分布，（c）各省域最高高度分布。从省域看，我国摩天大楼的建设总体上分为五大区域：长三角、珠三角、京津冀、辽中南和长江中游地区，而最高高度的分布，呈现南部高于北部，东部高于中西部特点，且最高高度中部和东部、南部差异不大，再次证明了摩天大楼的最

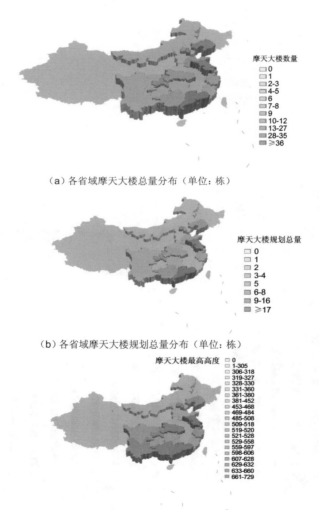

（a）各省域摩天大楼总量分布（单位：栋）

（b）各省域摩天大楼规划总量分布（单位：栋）

（c）各省域摩天大楼最高高度分布（单位：m）

数据来源：本课题组调研整理。

**图 4-8　我国各省域 300m 以上摩天大楼总量和高度分布特征**

高高度和省域经济发展并不呈正比关系。

　　此外，我国经济的发展越来越打破行政区域划界，形成了城市群及区域性经济集中格局，因此除了从省域视角外，进一步从十大城市群和八大经济区域进一步分析摩天大楼的分布具有一定实际意义。表 4-2 和表 4-3 分别为十大城市群和八大经济区域摩天大楼的总量分析。从表 4-2 可以看出，十大城市群摩天大楼达到 143 栋，占大陆总量的近 89.94%，长三角、珠三角和京津冀城市群仍然是摩天大楼总量最多的城市群。从表 4-3 可以看出，沿海经济区摩天大楼达到 112 栋，占总量的近 70.44%。从总体上看，摩天大楼的总量和区域经济实力具有直接相关性（经过统计学检验，在 0.01 水平上显著相关）。

**我国十大城市群摩天大楼总量**　　　　　　　　　表 4-2

| 序号 | 城市群 | 核心城市 | 摩天大楼数量/栋 | | 最高高度/m | 2011年GDP总量/亿元 |
|---|---|---|---|---|---|---|
| | | | 总量 | 规划总量 | | |
| 1 | 珠三角城市群 | 香港、广州、深圳等 | 43 | 17 | 660 | 68109.59 |
| 2 | 长三角城市群 | 上海 | 40 | 12 | 729 | 98995.69 |
| 3 | 京津冀城市群 | 北京、天津、石家庄等 | 18 | 8 | 597 | 51419.59 |
| 4 | 辽中南城市群 | 沈阳、大连 | 13 | 3 | 518 | 22025.90 |
| 5 | 川渝城市群 | 重庆、成都 | 11 | 6 | 520 | 31037.83 |
| 6 | 山东半岛城市群 | 济南、青岛 | 7 | 2 | 360 | 45000.00 |
| 7 | 长江中游城市群 | 武汉 | 6 | 2 | 606 | 19594.19 |
| 8 | 中原城市群 | 郑州、洛阳 | 1 | 1 | 318 | 27000.00 |
| 9 | 海峡西岸城市群 | 福州、厦门 | 4 | 0 | 360 | 17500.00 |
| 10 | 关中城市群 | 西安 | — | — | — | — |

注：GDP按省份统计，珠三角统计未包含澳门特别行政区。

**我国八大经济区摩天大楼总量**　　　　　　　　　表 4-3

| 序号 | 经济区 | 省份 | 摩天大楼数量/栋 | | 最高高度/m | 2011年GDP总量/亿元 |
|---|---|---|---|---|---|---|
| | | | 总量 | 规划总量 | | |
| 1 | 南部沿海经济区 | 福建、广东、海南、（香港） | 47 | 17 | 660 | 87899.1 |
| 2 | 东部沿海经济区 | 上海、江苏、浙江 | 40 | 12 | 729 | 99800.1 |

续表

| 序号 | 经济区 | 省份 | 摩天大楼数量/栋 | | 最高高度/m | 2011年GDP总量/亿元 |
|---|---|---|---|---|---|---|
| | | | 总量 | 规划总量 | | |
| 3 | 北部沿海经济区 | 北京、天津、河北、山东 | 25 | 10 | 597 | 96848.8 |
| 4 | 大西南经济区 | 云南、贵州、四川、重庆、广西 | 21 | 10 | 628 | 57205.0 |
| 5 | 东北经济区 | 辽宁、吉林、黑龙江 | 13 | 3 | 518 | 45060.4 |
| 6 | 长江中游经济区 | 湖北、湖南、江西、安徽 | 11 | 3 | 606 | 130893.1 |
| 7 | 黄河中游经济区 | 陕西、山西、河南、内蒙古 | 1 | 2 | 318 | 64969.6 |
| 8 | 大西北经济区 | 甘肃、青海、宁夏、西藏、新疆 | 0 | 0 | 0 | 15895.0 |

数据来源：①2011年GDP总量来自于《中国区域经济发展报告（2011—2012）》；②考虑到摩天大楼的总量分析，南部沿海经济区增加了香港特别行政区。

　　十大大城市群和八大经济区各城市摩天大楼的总量分布特征如图 4-9、图 4-10 所示，其中圆圈大小表征总量规模大小。

**图 4-9　十大城市群中各城市摩天大楼总量分布**

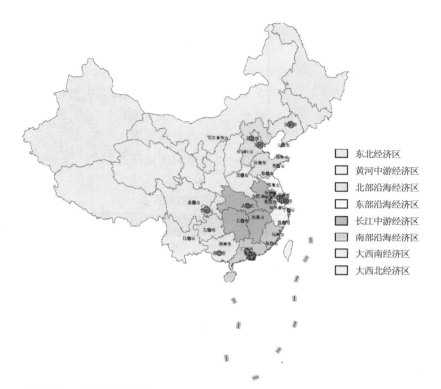

数据来源：本课题组调研整理。

**图 4-9　八大经济区各城市摩天大楼总量分布**

## 4.3　我国各城市摩天大楼建造指数分析

　　自劳伦斯指数提出后，一些摩天大楼的观察者开始尝试提出每个城市的"摩天指数"，如："高度 /100"，数量和最高高度的排名加权等，但这些指标都较为笼统，而且没有考虑城市建造能力的影响，例如上海建造一座 632m 和昆明建造一座 632m 的摩天大楼对当地的影响程度大不相同。因此，如何设计一个合理摩天大楼指数就成为评估一个城市是否存在"摩天魔咒"风险的重要基础。本报告在现有指标体系的基础上，采用定性和定量相结合的方法，考虑到已建、在建和规划摩天大楼的数量和最高高度均具有较大影响，因此将 k 城市的摩天大楼建造指数界定为

$$S_k = 0.5 \times [\, 0.5 \times \frac{a_k}{Max\,(a_n)} + 0.3 \times \frac{b_k}{Max\,(b_n)} + 0.2 \times \frac{c_k}{Max\,(c_n)} \,]$$

$$+0.5 \times [\ 0.5 \times \frac{A_k}{Max(A_n)} + 0.3 \times \frac{B_k}{Max(B_n)} + 0.2 \times \frac{C_k}{Max(C_n)}\ ]$$

式中，$a_k$、$b_k$、$c_k$ 分别为该城市已建、在建和规划摩天大楼的数量，而 $a_n$、$b_n$ 和 $c_n$ 分别为所有城市中已建、在建和规划摩天大楼最多的数量；$A_k$、$B_k$、$C_k$ 分别为该城市已建、在建和规划摩天大楼中的最高高度，而 $A_n$、$B_n$ 和 $C_n$ 分别为所有城市中已建、在建和规划摩天大楼的最高高度。

由此可以计算出各城市的 300m 以上摩天大楼建造指数，见表 4-4。

各城市摩天大楼建造指数及排名           表 4-4

| 排序 | 城市 | 指数 | 排序 | 城市 | 指数 | 排序 | 城市 | 指数 |
|---|---|---|---|---|---|---|---|---|
| 1 | 深圳市 | 0.800 | 16 | 大连市 | 0.203 | 31 | 淮安市 | 0.096 |
| 2 | 广州市 | 0.713 | 17 | 昆明市 | 0.186 | 32 | 烟台市 | 0.095 |
| 3 | 上海市 | 0.607 | 18 | 成都市 | 0.186 | 33 | 扬州市 | 0.094 |
| 4 | 天津市 | 0.585 | 19 | 常州市 | 0.183 | 34 | 芜湖市 | 0.094 |
| 5 | 香港 | 0.496 | 20 | 长沙市 | 0.173 | 35 | 东莞市 | 0.091 |
| 6 | 武汉市 | 0.491 | 21 | 临沂市 | 0.162 | 36 | 鄂尔多斯市 | 0.091 |
| 7 | 南京市 | 0.462 | 22 | 青岛市 | 0.156 | 37 | 柳州市 | 0.090 |
| 8 | 无锡市 | 0.458 | 23 | 宁波市 | 0.146 | 38 | 合肥市 | 0.090 |
| 9 | 北京市 | 0.351 | 24 | 厦门市 | 0.146 | 39 | 福州市 | 0.090 |
| 10 | 重庆市 | 0.326 | 25 | 贵阳市 | 0.129 | 40 | 南通市 | 0.067 |
| 11 | 沈阳市 | 0.315 | 26 | 济南市 | 0.115 | 41 | 佛山市 | 0.059 |
| 12 | 苏州市 | 0.313 | 27 | 镇江市 | 0.099 | 42 | 郑州市 | 0.056 |
| 13 | 温州市 | 0.300 | 28 | 杭州市 | 0.097 | | | |
| 14 | 南宁市 | 0.252 | 29 | 石家庄市 | 0.096 | | | |
| 15 | 珠海市 | 0.215 | 30 | 南昌市 | 0.096 | | | |

显然，除广州、香港、深圳和上海外，其他城市大多为摩天新兴城市，即在建和规划的较多，前 14 名排名参见表 4-1。

但是，从前述研究可以看出，摩天大楼的建造和一个地方的经济发展实力有直接关系。因此，将摩天大楼建造指数和一个地方的综合实力进行对比，可以看出该区域摩天大楼是否相对过热。考虑到摩天大楼的建设不仅仅受经济实力影响，因此本报告采用城市竞争力这一指标进行分析，即根据《全球竞争力报告：2011—2012》中相应城市的城市竞争力排名和摩天大楼建造指数的排名进行对比。其中，城市竞争力涉及到经济规模、经济增长、经济效率、经济密度、经济质量和对外影响等 6 项指标，较能反映一个城市的综合实力。

图 4-11 反映的是全国各城市摩天大楼建造指数排名和城市竞争力排名之间的对比关系。显然，二者并不呈一致趋势，因此，从全国相对水平看，如果摩天大楼建造指数排名高于城市竞争力排名，则该城市摩天大楼建造过热，如图 4-11 趋向于左上角区域中的城市，有近一半的城市摩天大楼的指数排名高于其城市竞争力排名，其中有 9 座城市相差 5 位，3 座城市相差 10 位，8 座城市相差超过 10 位，最高相差 24 位。但是，考虑到我国摩天大楼建造普遍过热，对角线下方的区域也并非摩天大楼建造的合理城市。相对于全国水平，从经济实力看，趋向于右下角区域中的城市存在进一步发展摩天大楼的潜力。

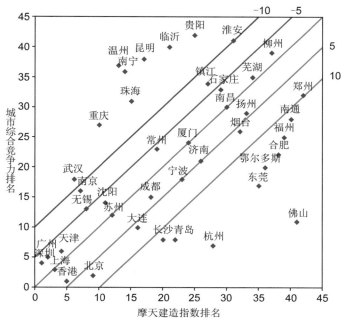

**图 4-11　全国各城市摩天大楼建造指数排名与城市竞争力排名对比**

## 4.4 典型城市摩天大楼建设历程分析

根据表 4-4 各城市摩天大楼建造指数及排名，选取广州、深圳、上海、天津、南京、武汉和北京进行分析，研究其摩天大楼的建设与发展历程，并基于此探寻摩天大楼的发展和城市发展之间的关系。

### 案例 1：广州市

根据 CTBUH 等统计的资料，广州市在建和已建 150m 以上摩天大楼约 85 栋，最高为在建的广州珠江新城东塔大楼，530m，其次为广州国际金融中心 439m，300 ～ 400m6 栋，200 ～ 300m16 栋，其余 61 栋。

广州的高楼的变迁大致如下：1973 年，为了解决"广交会"外宾住宿，投入 2640 万元建设了白云宾馆，1976 年落成，114m，曾是中国第一高楼。该大楼作为广州最高楼一直保持到 1991 年广东国际大厦的建成。广东国际大厦主楼 63 层，俗称"63 层"，高 200m，五星级酒店，副楼分别是近 110m 的公寓和 117.6m 的写字楼。1998 年广东国际信托投资公司破产后，前后拍卖过三次，从 20 亿的评估价，到 16 亿、13 亿的流拍，最后成交价为 11.3 亿。2007 年被毅涛集团等收购。2008 年投入 4.5 亿改造后，2011 年 6 月开业并正式更名为广州中心皇冠假日酒店。1997 年中信广场落成，地上 80 层，321m（加上塔尖 391m），是当年世界上最高的钢筋混凝土结构的摩天大楼，东西两座各高 38 层的副楼酒店式公寓以及高 4 层的购物中心裙楼，停车位 900 个，是广州面积最大的室内停车场。其租户包括 15 家世界 500 强企业以及多个境外政府的派驻机构。在 2003 年获得亚运会主办权的推动下，2008 年，广州国际金融中心（珠江新城西塔）封顶，共 103 层，432m，总投资 60 亿，目标客户为国际知名的金融、IT、高科技企业的地区总部，2010 年投入使用，曾以两天一层打破了"深圳速度"。珠江新城东塔 2009 年动工，投资 100 亿，2015 年竣工，地上 112 层，高度 530m。变迁历史如图 4-12 所示。从图中可以看出，广州市摩天大楼的刷新和重大事件及新城开发具有较大关联，且短时间刷新高度时，往往高度增长速度较快。

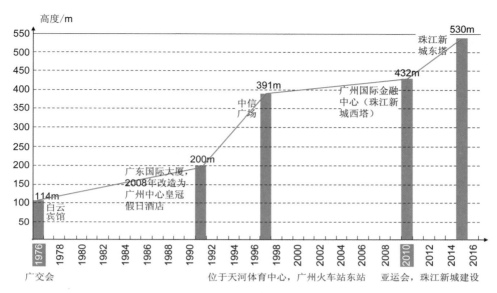

数据来源：互联网资料。

图4-12 广州市摩天大楼建设与发展历史变迁

## 案例2：深圳市

根据 CTBUH 等统计的资料，深圳市在建和已建 150m 以上摩天大楼约 76 座，最高为在建的深圳平安金融中心 660m，其次为京基 100 大厦 442m，300～400m4 栋，200～300m33 栋，其余 37 栋。

深圳市高楼的变迁历史大致如下：1982 年，"罗湖第一楼"友谊商场落成。虽然只有 7 层 27 米高，但已是当时深圳的最高楼。1985 年，国贸大厦以它 160m 的高度和"三天一层楼"的施工速度，成为深圳速度的象征，并成为当时全国第一高楼。这一记录维持了 5 年，成为 20 世纪 80 年代的"深圳名片"。进入 20 世纪 90 年代，深圳高楼的发展速度明显加快。1990 年，高达 163m 的发展中心大厦落成，结束了国贸大厦长期占据的第一宝座。1995 年，联合广场（195m）、深房广场（172.05m）、华能大厦（188m）3 位巨人相继崛起。仅仅一年后，383.95m 高的地王大厦又以"九天四层"的速度和钢结构安装的高质量，成为深圳新速度的象征。其建成时是亚洲第一高楼，也是全国第一个钢结构高层建筑，比 14 年前的友谊商场足足高了 357m。到 20 世纪 90 年代后期，深圳几乎每年都有 2 ～ 3 栋超过 150m 的摩天大楼建成。时间推进到 21 世纪，200m 以上的超高建筑开始频频出现。2000 年，355.8m 的赛格广场成为深圳第三座具有地标意义的超高建筑。2000 ～ 2004 年仅 5 年时间，深圳就集中出现了招商银行大厦（237.1m）、信息枢纽大厦（240.65m）、国际商会中心（224.5m）等 6 栋超过 200 米的摩天大楼。而 5 年后，比地王大厦足足高了 204m 多的平安国际金融中心将再一次刷新深圳高楼纪录。深圳市高楼变迁历史简要如图 4-13 所示。由此可见深圳高楼建设和深圳市的定位和发展变化紧密相关，主要源于 20 世纪的改革开放和 2008 年前后的二次创业发展。

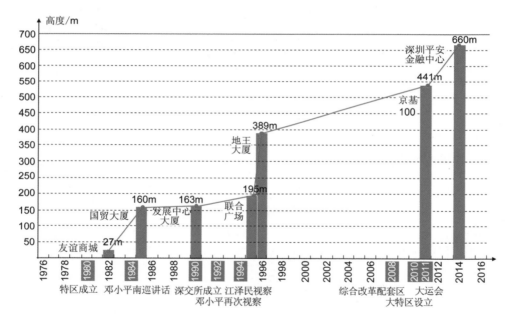

数据来源：互联网资料。

**图 4-13　深圳市摩天大楼建设与发展历史变迁简要**

### 案例 3：上海市

根据 CTBUH 等统计的资料，上海市在建和已建 150m 以上摩天大楼约129 座，最高为在建的上海中心大厦，632m，其次为上海环球金融中心 492m

和上海金茂大厦 421m，300～400m 4 栋，200～300m 48 栋，其余 150m
以上高度 76 栋。

　　上海是中国摩天大楼的起点。和平饭店南楼，建于 1906 年，高 30m，共
六层，砖木混合结构，是上海当时最高的大厦，也是上海最早装设电梯的大楼
之一。1928 年建造的沙逊大厦（现和平饭店北楼），高 77m，13 层钢架结构。
而后，建于 1934 年的国际饭店曾以 22 层高 78m 稳坐"上海第一高度"半个
世纪，直到 1982 年才被 27 层 91m 高的上海宾馆所代替。1985 年，108m
的联谊大厦落成，揭开上海现代摩天楼建设的序幕。1987 年，123m 的电信
大楼和 143m 的静安希尔顿宾馆拔地而起；仅隔两年，46 层 154m 的新锦江
大酒店刷新纪录。1990 年，48 层 165m 高的上海商城又成上海新高。1995
年招商局大厦落成，38 层，186m，1996 年新金桥大厦落成，同样是 38 层，
但高度为 212m。1998 年 8 月 28 日竣工的 88 层金茂大厦一举把高度推至
420.5m，跃居当时世界第三高楼。2008 年 8 月竣工的上海环球金融中心高度
达到 492m，101 层，而在建的上海中心大厦更是将这一高度推到了 632m。

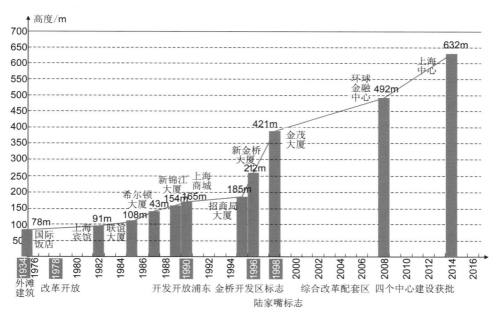

数据来源：互联网资料。

图 4-14　上海市摩天大楼建设与发展历史变迁简要

摩天大楼已经成为上海现代化的标志。上海市高楼变迁历史如图 4-14 所示。可以看出，上海市摩天大楼的建设可以分为四个阶段，一是早期的外商兴建，主要集中在外滩一带，二是改革开放早期，主要集中在浦西市中心，三是浦东开发阶段，主要集中在浦东和陆家嘴，四是近期的四个中心建设，主要集中在陆家嘴。

**案例 4：天津市**

根据 CTBUH 等统计的资料，天津市在建和已建 150m 以上摩天大楼约 55 栋，最高为在建的高银金融 117 大厦，597m，其次为在建的周大福天津滨海中心 530m 和天津富力广东大厦 500m，300 ~ 400m4 栋，200 ~ 300m28 栋，其余 150m 以上高度 20 栋。

1927 年竣工的中原公司（百货大楼）高 31m，在 1928 年元旦开业时，盛况空前，全城百姓聚在六层塔尖式的大楼边看热闹，这是当时天津第一家大型百货商场，站在楼顶可以俯视海河。该大楼 1949 年改名为天津百货大楼，成为华北地区第一家国营大型百货公司，1971 年扩建后高 60m，塔楼四面大钟。1936 年建成的渤海大楼曾经又是一个地标，大楼主体 8 层，局部 10 层，高 47.47m。而天津真正的摩天大楼则是 1997 年建成的远洋大厦和今晚报大厦，分别高 152m 和 168m，都是 40 层。2000 年，高度 188m 47 层的金皇大厦以其独特的建筑风格成为天津商务中心的标志性建筑。2002 年滨江万丽酒店建成，48 层，高 203m。2005 年信达广场将这一高度提升为 51 层，238m。而 2011 年新落成的天津环球金融中心（津塔）则将这一个高度推行了 300m 以上，达到 336.9m，地上 75 层。但是，滨海新区的开发使最新一轮的摩天大楼建设推向了一个更高的高度，计划 2014 年竣工的高银金融 117 大厦向 597m 117 层迈进，该大厦建筑面积 84.7 万平方米。计划同年建成的周大福天津滨海中心同样位于滨海新区，2009 年开工，高度 530m，地上 96 层。该区域的摩天大楼还包括 500m 91 层的富力广东大厦和 358m 88 层的中钢国际大厦等。天津市高楼变迁历史如图 4-15 所示。可以看出，天津市摩天大楼在 2005 年以前基本都是自发式建造，但滨海新区的开发成为天津摩天大楼集聚建设和引领国内高度的最大动力。

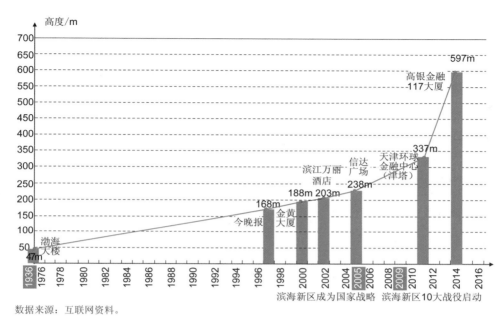

数据来源：互联网资料。

**图 4-15　天津市摩天大楼建设与发展历史变迁简要**

### 案例 5：南京市

根据 CTBUH 等统计的资料，南京市在建和已建 150 米以上摩天大楼约 46 栋，最高为南京紫峰大厦 450m，其次为在建的苏宁奥体中心 400m，300～400m² 栋，200～300m13 栋，其余 150m 以上高度 29 栋。

建国时南京尚没有高层建筑。1977 年竣工的丁山宾馆，只有八层，近 35m，是南京的第一栋高层建筑。南京的高层建筑不能不提 1983 年建成的金陵饭店。金陵饭店是那个时代南京的标志，是中国现代酒店的先行者，37 层，高 105m，是当时中国最高楼，创造了诸多中国第一。2005 年，在"评选市民心目中最美丽的高楼"活动中，老金陵饭店名列前茅。这一高度直到 1997 年才被打破，当年 12 月竣工的江苏省外贸业务楼（二期）主楼 38 层，总高度 143.6m。1999 年建成的金鹰国际商城地上 58 层，高 216m，第一次将南京的高楼拉到了 200 米以上。2002 年竣工的南京商贸广场，56 层，高度 218m，成为世纪之交南京的"第一极"。2004 年建成的新世纪广场，53 层，232.2m。2008 年，新百大楼竣工，高 249m，成为"新街口第一高楼"。而 2010 年，地上 89 层，总高度 450m 的绿地紫峰大厦的建成，成为目前南京第一高楼。值得注意的是，南京的摩天大楼之争大多发生在新街口地区，金陵饭店、金鹰国际商场、商贸世纪广场、南京国际金融中心（228m）、金陵饭店扩建工程（242m）、新百大楼、德基广场二期（324m）等都位于新街口区域，即使位于鼓楼区域的紫峰大厦也离新街口不远。而新规划的则主要集中在河西奥体中心。南京市高楼变迁历史如图 4-16 所示。从图中可以看出，南京金陵饭店象征南京的高度标志长达 14 年，之后最高摩天大楼保持其高度记录时间为 2～6 年，这表明摩天大楼的高度之争在不断升级之中。

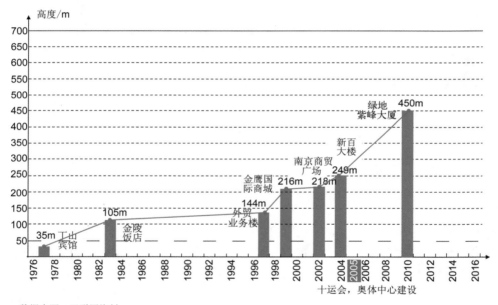

数据来源：互联网资料。

图 4-16　南京市摩天大楼建设与发展历史变迁简要

### 案例 6：武汉市

根据 CTBUH 等统计的资料，武汉市在建和已建 150m 以上摩天大楼约 31 栋，最高为在建的武汉绿地中心 606m，其次是武汉天地 460m 和武汉中心 438m，300～400m 1 栋，200～300m 13 栋，其余 150m 以上 14 栋。但武汉规划中有 666m 的新汉正街大楼和沿江商务区的 707m 大楼。

1984 年投入使用的晴川饭店被誉为"武汉改革开放的最早标志"，24 层，88.6m。10 年后，外商独资兴建的纯写字楼泰合广场 1996 年建成，位于"地皇金三角"，47 层 176m，是武汉首座高智能 5A 级写字楼。同年 5 月，汉口金融街上，55 层高 212.3m 的国贸大厦竣工，誉为"华中第一高楼"，但由于工程群体性腐败案件和"银广夏"造假案，使国贸大厦一度停滞，直到 2004 年被香港新世界收购并改名为新世界国贸大楼。1997 年，60 层高 248m 的世贸大厦落成，成为新的"武汉第一楼"，此后武汉高楼建设速度加快，如同年竣工的 61 层 251m 的佳丽广场。但是，该项目后因债务纠纷几乎成为烂尾楼，直到 2006 年才验收通过，并定名为平安大厦。此后 1998 年开工的民生银行大厦，以 68 层高 336m 再次刷新高度，也成为华中第一高楼。但该项目由于结构和功能的多次修改，虽于 2004 年竣工，但直到 2010 年才建成移交，前后历时 10 余年。2008 年，69 层高 350m 的葛洲坝国际广场公寓部分开工（但主楼至今没有明确的开工信息），460m 高的武汉天地 A1 也有类似现象。2011 年武汉王家墩中央商务区的标志性建筑武汉中心开工，88 层，高 428m，计划 2015 年竣工。但目前武汉在建摩天大楼最高的为武汉绿地中心，2010 年开

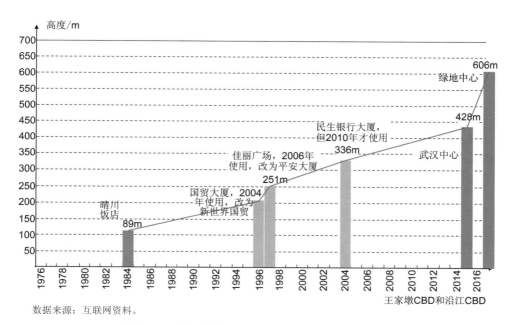

数据来源：互联网资料。

**图 4-17　武汉市摩天大楼建设与发展历史变迁简要**

工，预计 2017 年竣工，高 606m，地上 119 层。该项目一度传出"增高"传闻。从历史看，武汉摩天大楼的建设并非一帆风顺，近年来不断展现出角逐国内第一高楼的决心。武汉市高楼变迁历史如图 4-17 所示。

**案例 7：重庆市**

根据 CTBUH 等统计的资料，重庆市在建和已建 150m 以上摩天大楼约 54 栋，最高为在建的嘉陵帆影国际经贸中心 468m，其次是重庆世界贸易中心 339m，200 ～ 300m 16 栋，其余 150m 以上 36 栋。

20 世纪 40 年代，重庆为援华的美军高级将领修建了援华美军招待所，4 层的砖体小楼，是当时重庆较高的高楼，1945 年改成胜利大厦，1956 年改为重庆宾馆，1991 年成为重庆最早的三星级宾馆，一年后升级为四星。后拆除重建为重庆宾馆保利国际广场。1982 年竣工的会仙楼曾是重庆第一高楼，连同负一层和屋顶花园，总层数达到 15 层，高 54m，几乎有两个解放碑高，2009 年被拆除，让位于 339.8m 的重庆环球金融中心，该大楼将于 2013 年

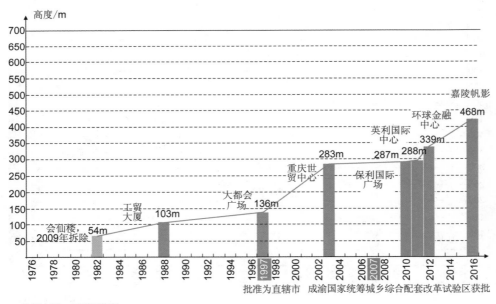

数据来源：互联网资料。

**图 4-18　重庆市摩天大楼建设与发展历史变迁简要**

建成。第一座超过百米的大楼是 1988 年建成的工贸大厦，高 103m。随后的摩天大楼几乎都聚集在解放碑。1997 年建成的大都会广场，156m，36 层。2003 年建成的重庆世界贸易中心，将高度提到了 60 层 283m。2010 年建成的重庆宾馆保利国际广场 287m，地上 58 层。2011 年建成的英利国际金融中心 288m，地上也是 58 层。2012 年建成的重庆环球金融中心将重庆的摩天大楼高度提到了 300m 以上，73 层，达到了 339m。2010 年开工，计划于 2016 年建成的重庆企业天地 1 号楼，即嘉陵帆影国际经贸中心则将重庆高度再次提高到 400m 以上，99 层，468m。图 4-18 为重庆市高楼变迁历史。可以看出，重庆市的摩天大楼发展一直较为平稳，但 2010 年以后，高度刷新表现出"井喷"状态。

可以看出，摩天大楼的诞生基于多种因素，但有几个重要因素的多重刺激。

☐  城市经济实力提升的刺激：例如东中部沿海和资源型城市的经济发展；

☐  国家区域发展中的重大战略刺激：例如综合改革配套实验区、直辖市设立；

☐  国家经济发展中的短期刺激：例如投资拉动经济政策等；

☐  国家城市发展中的重大政策刺激：例如城市群战略、金融中心设立；

☐  城市重大发展战略：例如行政新区、产业新区、商业中心的发展；

☐  房地产市场的转变：如地产开发从住宅转移到商业地产。

## 4.5  摩天大楼与城市发展的互动关系

摩天大楼和城市存在着密不可分的关联。城市催生摩天大楼，抑或摩天大楼催生一个城市。从全球摩天大楼的建设与发展过程看，摩天大楼与城市发展的互动关系体现在以下几个方面。

### 城市核心区土地资源限制

城市核心区是人流、物流、资金流和信息流的高度集聚区，是众多企业入驻的理想区域，但由于土地资源所限，大量的办公、商业和服务业等需求迫使城市空间向上发展。这是摩天大楼建设的重要经济原因，如纽约的曼哈顿区域、香港、上海陆家嘴区域等。人口众多、经济发达、全球性企业集聚、土地资源限制是摩天大楼最初建设的主要原因。

### 城市形象需求

摩天大楼因鹤立鸡群的姿态具有强烈的视觉冲击特征，使越来越多的城市选择摩天大楼作为城市发展的形象标志。例如金茂大厦和东方明珠一度是上海的形象，迪拜在大多数人的印象当中是全球第一高楼所在地，纽约的高楼也曾经是美国经济发达的标志等。将摩天大楼作为一个城市的形象标志越来越成为国内二、三线城市建设摩天大楼的出发点，而非出于经济需求和土地资源不足。

### 城市新区开发

城市大规模集中开发，如新城建设和新区开发等，在中国的城市建设中从来没有停止过，并一直是热点。同时，在集中开发时，也常常规划"标志性建筑"，一方面作为新城（区）的标志，另一方面也借此带起新城（区）人气。在这方面，上海浦东陆家嘴的金茂大厦就是其中的一个成功案例，如图4-19所示。天津于家堡、武汉王家墩金融集聚

图4-19 上海陆家嘴鸟瞰图

区、苏州环金鸡湖区域等也大多采用此种模式。

但是摩天大楼的集中建设在吸引大量人流的同时，也给城市运营管理和城市更新带来的巨大挑战。例如，香港的国际金融中心二期落成后，吸引更多车辆使用邻近道路，令中环一带的交通挤塞问题恶化。而据仲联量行预计，到2014年年底，小陆家嘴将新增78.7万 $m^2$ 写字楼，乘地铁上下班人数预计超过12万人，交通压力陡增。图4-20为小陆家嘴区域乘地铁上下班的人数预计。

更应引起注意的是，摩天大楼在公众安全方面极具脆性，即一旦发生突发事故，将带来难以想象的灾难，如火灾、地震和恐怖袭击等。2001年9月11日的"911"恐怖袭击事件导致2800人死亡，上海"11·15"大火中，85m住

78368    93655    107363    118879    126462

单位：人

2011年第2季度  2011年第4季度  2012年第4季度  2012年第4季度  2012年第4季度

数据来源：仲联量行。

图4-20    小陆家嘴区域乘地铁上下班的人数预计

宅楼死亡 58 人的特别重大火灾事故，以及 2008 年汶川地震上海陆家嘴高楼有明显震感，大量上班族逃到陆家嘴陆地导致交通混乱（图 4-21），这些都是例证。

图片来源：http：//blog.sina.com.cn/lawrain119.

图4-21    2008 年汶川地震余波中的上海陆家嘴

## 4.6    摩天大楼的选址与城市建设发展的关系

由于摩天大楼投资大、影响范围广，并作为现代服务业的重要载体，它的规划选址与城市的建设发展密不可分。

63

我们选取上海、深圳、广州、北京、武汉、天津等摩天大楼数量较多的城市，进一步分析摩天大楼在城市中的区位特征。根据分析，200m 以上的摩天大楼分散分布在城市中心，但明显形成了集聚区或集聚带；300m 以上的摩天大楼往往较为分散，形成了多极关系；400m 以上的摩天大楼往往集聚在一个区域中心。并且明显地，300m 以上摩天大楼往往位于所有高度摩天大楼集聚的中心地带。

**案例：上海摩天大楼的分布特征（图 4-22）**

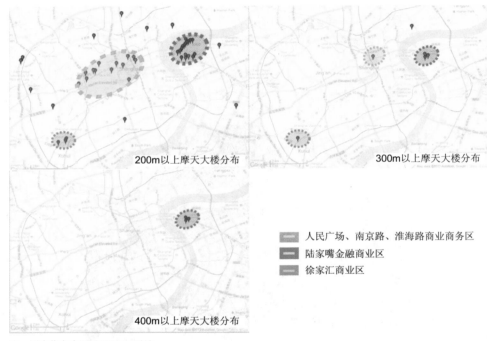

注：图中信息来源于CTBUH网站。

**图 4-22　上海摩天大楼的分布特征**

# 参考文献

[1] 张佳屏整理. 广州第一高楼的变迁史回顾，从白云宾馆到西塔. 搜房网，2009-9-4.
[2] 上海地方志办公室. 上海名建筑志. 上海社会科学出版社，2005.

[3] 杜琨 . 天津第一高楼的变迁 . 今晚报，2012-8-9.

[4] 不断向上生长的城市，南京"第一高楼"变迁记，江南时报网，2008-10-4.

[5] 楚天金报 . 武汉"第一高楼"见证时代变迁 .2010-11-02.

[6] 王齐 . 写字楼激增，陆家嘴交通承压 . 东方早报，2011-8-31.

[7] "山城拇指"立起来了，重庆第一高楼变迁之多少？重庆商报 .2012-4-1.

# 5 产业视角：摩天大楼的业态与功能组合

【本章观点和概要】

□ 从功能角度看,2000年以前,85%的摩天大楼以办公为主,2000年以后,集办公、酒店、观光、商业等为一体的城市综合体功能越来越多，到2010年该类型摩天大楼比例超过30%,纯办公楼类型的摩天大楼比例降至45%左右。从国内看，建筑形态也从一栋转向"一主多副"的群体综合体形式。

□ 在办公功能及用户方面，摩天大楼在顶级办公楼中占据重要地位，除自用外，其租户多为金融、保险、地产和各类咨询企业，租用面积超过一层的则多为跨国公司。

□ 在酒店功能方面及用户方面，从全国范围看，摩天大楼的分布和高端酒店品牌的选址具有一定内在关联，二者有相当大程度的重叠。在东部经济发达地区，摩天大楼的建设和高端酒店市场同步发展，但西部一些旅游城市则显示高端酒店的发展先于摩天大楼的建设。

□ 在商业功能和公寓功能方面，大部分商业集中在1～5层，占总面积10%～20%;而总体上看，我国只有少数摩天大楼具有公寓功能，且大多数为酒店式公寓而非传统住宅。

## 5.1 摩天大楼的功能演化及功能分布

根据CTBUH的研究，摩天大楼的建造从最初的办公为主，到办公、酒店、住宅及综合功能等多样化演变，其中，每个时期100座最高建筑的功能演化和每个时期300m以上摩天大楼的功能演化分别如图5-1中（a）和（b）所示。从图中可以看出，摩天大楼的功能自2000年以后综合功能（综合体）得到较

占比

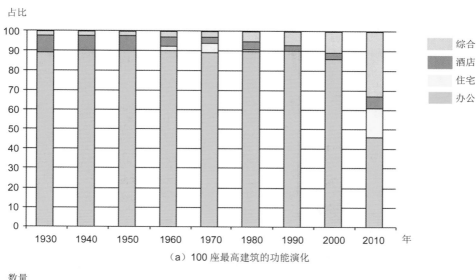

（a）100 座最高建筑的功能演化

数量

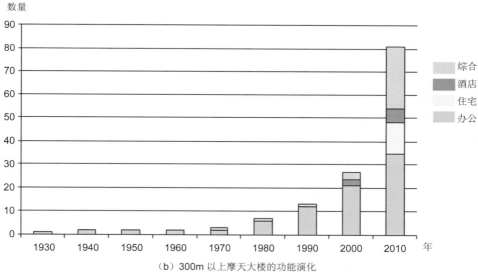

（b）300m 以上摩天大楼的功能演化

注：资料来源CTBUH。

**图 5-1 摩天大楼的功能演化**

大幅度的增加。

从目前的资料看，国内的摩天大楼大多为混合功能，即以城市综合体的形态出现，商业、办公、酒店、观光、公寓成为摩天大楼功能的主要构成部分，其次为纯办公功能。图 5-2 为上海环球金融中心大厦功能分区示意图。从建筑形态来看，摩天大楼的建造也逐渐从一栋转向以"一栋主楼 + 多个副楼"的群体综合体形式出现。

**案例：上海环球金融中心**

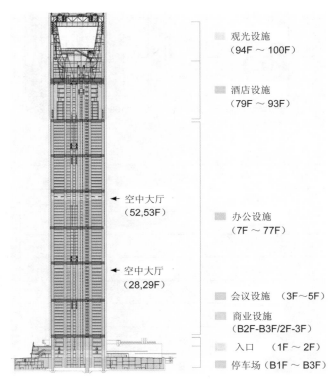

图片来源：王伍仁、罗能钧编著《上海环球金融中心工程总承包管理》。

**图 5-2　上海环球金融中心大厦功能分区示意图**

群体综合体多为房地产开发公司投资兴建，通常考虑办公、酒店、住宅和商业的综合，例如沈阳茂业城、香港国际金融中心一、二期等，这些摩天大楼的建造通常为成片土地开发区域，如新规划的 CBD、新城中心等。图 5-3 为该类物业的典型特征。

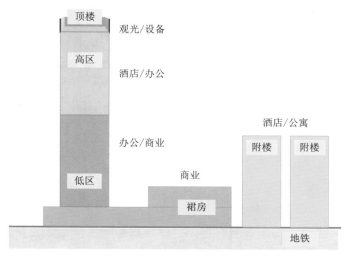

图 5-3　摩天大楼城市综合体功能组成示意

## 5.2　摩天大楼的办公功能及用户分析

摩天大楼的市场定位高端，其写字楼业态亦然，目前国内尚无统一的写字楼等级的评价标准，对于高档写字楼，现在通用的评价方式有"甲级"、"5A 级"和"第四代"等三种，与此同时，随着大量国际企业入驻中国，新兴的"6E"评价标准也开始流行，其具体评价指标如表 5-1 所示。

高端写字楼 6E 评价标准　　　　　　　　　　　　　　　　表 5-1

| 指标 | 说明 |
| --- | --- |
| 重要的商务区<br>(Essential Business Location) | 位于成熟的大型商务区中，包括商务氛围、交通状况、产业链条是否完备等 |
| 有品位的建筑<br>(Elegant Building) | 形成汇聚了某个时期的思想、精神、理念和信仰，在一定的空间区域具有独特之处，具有定位和指向作用，具有高度的代表性和现实意义 |
| 超一流的硬件设施与服务<br>(Excellent Facility and Service) | OA，办公智能化；BA，楼宇自动化；CA，通讯传输智能化；FA，消防智能化；SA，保安智能化 |

续表

| 指标 | 说明 |
|---|---|
| 出众的客户<br>(Extraordinary Tenant) | 一流企业非常关心自己的邻居是谁，有同质化的需求，希望同样重量级的企业能够在一起，以此来互相衬托彼此的实力和地位 |
| 纯商务<br>(Exact Place for Business) | 在发达国家，顶级写字楼是非常单纯的，办公就是办公，购物和休闲完全在与写字楼配套的商务区实现，最大限度地实现功能的专一化。 |
| 非卖<br>(Exception of Sale) | 评判顶级写字楼的最后标准是只租不售，意即统一的产权。这是评判写字楼是否为顶级的重要指标 |

来源：中国房地产报。

目前国内已建成的顶级写字楼中，摩天写字楼占据很大比重，由房讯网、中国写字楼行业协会和南丰智库（CORC）三家研究机构组成的"中国写字楼TOP100 研究组"对 2005 年以来建成或封顶的写字楼从建筑设计与产品创新；设备与能源、绿色与低碳；影响力、规模及标识性；公共设施与功能性；软件服务与资产运营；公众喜好度与客户国际性等六个方面分析，于 2012 年 4 月发布了"中国写字楼 TOP100 前二十强"，如表 5-2 所示。

中国超甲级写字楼 TOP100 前 20 强（排名不分先后）　　　　表 5-2

| 序号 | 项目名称 | 所在城市 | 开发商 | 高度/m |
|---|---|---|---|---|
| 1 | 华贸中心 | 北京 | 北京国华置业有限公司 | 167 |
| 2 | 银泰中心 | 北京 | 银泰置业有限公司 | 250 |
| 3 | 环球金融中心 | 北京 | 恒基兆业地产集团 | 100 |
| 4 | 凯晨世贸中心 | 北京 | 方兴地产（中国）有限公司 | 57 |
| 5 | 国际贸易中心（三期） | 北京 | 国贸中心股份有限公司 | 330 |
| 6 | 仁恒置地广场 | 成都 | 仁恒置业 | 180 |
| 7 | 富力中心 | 广州 | 富力集团 | 243 |
| 8 | 珠江城大厦 | 广州 | 广州珠江置业有限公司 | 309.6 |
| 9 | 国际金融广场（西塔） | 广州 | 越秀城建地产 | 412 |

| 序号 | 项目名称 | 所在城市 | 开发商 | 高度/m |
|------|---------|---------|--------|--------|
| 10 | 利通大厦 | 广州 | 广东利通置业投资有限公司 | 302.9 |
| 11 | 绿地广场紫峰大厦 | 南京 | 上海绿地集团 | 450 |
| 12 | 香港新世界大厦 | 上海 | 新世界中国地产 | 278.25 |
| 13 | 会德丰国际广场 | 上海 | 九龙仓集团 | 270.45 |
| 14 | 世茂国际广场 | 上海 | 上海世茂集团 | 333.3 |
| 15 | 环球金融中心 | 上海 | 森海外株式会社 | 492 |
| 16 | 卓越世纪中心 | 深圳 | 卓越置业集团 | 280 |
| 17 | 皇岗商务中心 | 深圳 | 卓越置业集团 | 268 |
| 18 | 京基100 | 深圳 | 京基地产 | 441.8 |
| 19 | 环球金融中心 | 天津 | 金融街控股 | 336.9 |
| 20 | 企业天地 | 重庆 | 瑞安房地产 | 468 |

数据来源：根据和讯网及其他互联网资料整理（阴影背景为300米以上的摩天大楼）。

从表 5-2 可以看出，顶级写字楼基本被摩天大楼垄断，很多项目是该地区当时最高楼，甚至是区域性或全国最高楼。一些大楼虽然不在该榜单中，但也是当地较有影响力的高品质写字楼。

**楼层分布、层高及标准层面积等技术指标**

考虑到办公的人流量、舒适性与相对封闭性，在已建成的非纯摩天写字楼中，写字楼部分主要集中分布于大楼中区 15% ～ 60% 高度处，而其上则多为酒店业态，如上海环球金融中心、金茂大厦等；若大楼无酒店业态，则写字楼延伸至顶楼观光层之下，如香港国金二期、深圳地王大厦等。

一般来讲，甲级写字楼的楼层净高应达到 2.7 ～ 2.8m，顶级物业应达到 3m。一些典型摩天大楼的写字楼部分层高一般在 4m 以上，净高在 2.7 ～ 3m 之间，不同的楼层还显现出不同的差异。在标准层方面，一般来讲，人均办公面积 6 ～ 12m$^2$ 为宜。目前建成的摩天写字楼平均标准层面积为 2400m$^2$ 左右，区间为 1600 ～ 3400m²。鉴于摩天写字楼较大的体量，其标准层面积呈现稍大于平均水平的态势，根据上海中原研究咨询部的研究，上海市甲级写字楼的标准层面积基本上位于 1500 ～ 2500m² 之间。

### 产权模式及租金状况

一般来讲，甲级写字楼均只租不售，但由于摩天大楼的特殊性，一些楼盘迫于资金压力，会在一定的条件下散售部分楼层，如上海环球金融中心，拟散售 6 ～ 7 万元 /m²，相当于 1/4 办公楼面积，可套现 400 ～ 500 亿日元，即 32.96 ～ 41.2 亿元人民币，可大大缓解森大厦株式会社的资金压力。其购买价格相对偏低，但购买条件非常苛刻：购买方 7 年内不得转让，不得转租物业，必须自用。

### 租户分析

由于写字楼是摩天大楼的重要功能，因此该功能区的出租或出售状况直接影响项目的投资回报。为了进一步研究入驻摩天大楼写字楼的租户情况，课题组选取了上海环球金融中心、金茂大厦和深圳地王大厦三座较为典型的摩天写字楼，对其租户数量、楼层分布以及业务领域进行了统计分析，如图 5-4 所示。可见目前摩天写字楼租户的业务范围较广，但主要集中在金融与经贸、服务与咨询、工业与制造业等领域，这些领域的租户普遍占大楼租户总量的 80% 或更多。

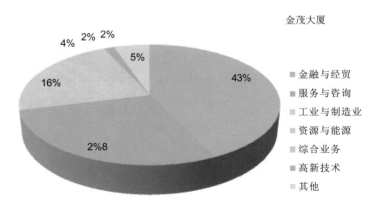

图 5-4　典型摩天大楼办公租户结构分析（一）

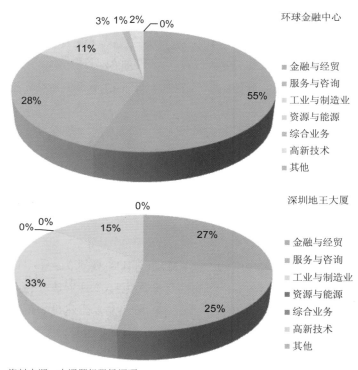

资料来源：本课题组现场调研。

图 5-4  典型摩天大楼办公租户结构分析（二）

另外，从租用规模上来看，平均每栋大楼都有数家企业会租用一层以上的楼面。以金茂大厦、上海环球金融中心和深圳地王大厦为例，截至 2012 年 6 月，统计发现以下几点。

□  金茂大厦写字楼租户共 135 家，租用面积超过一层的共有 13 家企业，保险业务最多，有 4 家，其他分别为法律、房地产、化工、IT、金融、培训、融资租赁、投资和咨询企业；其中租用面积超过 2 层的分别是远东国际租赁有限公司（4 层）、IBM GROWTH MARKETS UNIT（3 层）和中怡保险经济有限公司（2 层）；其中投资商关联企业租赁面积约 20%。

□  上海环球金融中心写字楼租户共 96 家，租用面积超过一层的共有 24 家企业，金融类最多，有 9 家，其次为证券有 2 家，其他分别为法律、保险、房地产、IT、广告、会计、贸易、能源投资、咨询和体育器材等；其中租用面积超过 2 层的分别是安永（9 层）、三井住友银行（中国）有限公司（3 层）、华宝信托有限公司（3 层）和三井物产（上海）贸易有限公司（2 层）。

□ 地王大厦写字楼租户共 55 家，租用面积超过一层的共有 5 家企业，房地产类最多，有 2 家，其他分别为贸易、IT、物流和工业等；没有租用 2 层以上的租户。

由此可见，以上海和深圳的典型摩天写字楼为例，整层以上的租户多为金融、保险、地产和各类咨询企业，此类企业或具有雄厚的财政实力和庞大的规模，或非常重视企业形象与市场定位。

## 5.3 摩天大楼的酒店功能及用户分析

酒店已经成为摩天大楼中的一个重要功能，主要因为：一是摩天大楼的标志性特征和高端酒店的需求相一致；二是摩天大楼及其周边往往是高端商业和商务中心，具有高端酒店的诸多需求；三是摩天大楼的建设表明该地区的经济发达到了一定程度，具有配置高端酒店的客观需求；四是由于垂直运输等问题，80 层以上一般不宜作办公功能。

另一方面，高端酒店尤其是奢华酒店，对选址具有较高的要求，以某高端品牌酒店为例，其选址要满足表 5-3 所示的要求。

某高端酒店选址要求　　　　　　　　　　　　　表 5-3

| 项目 | 标准 |
| --- | --- |
| 人口 | 以物业中心的方圆2公里范围内有30万以上的常住人口 |
| 人均收入 | 超过10000万元以上，并呈增长态势 |
| 同业需求 | 1.5公里范围内有4星级以上酒店及甲级写字楼为佳 |
| 需求 | 3公里范围内企业、工厂、机关单位密集，有较充足的商旅住宿需求 |
| 商务氛围 | 商圈处于或接近人口稠密区，尤其是高收入、高消费人群的密集区，如高级商务区和传统商务区 |
| 配套 | 1公里范围有较完备的生活配套，餐饮、购物、娱乐便利 |
| 交通 | 在城市核心商业区主要街道，尤其是在多种交通工具均能抵达的地方应列为首选目标 |
| 其他 | 旅游景点附近，治安秩序良好 |

资料来源：新浪商业地产。

由此可见，摩天大楼和高端酒店品牌的选址具有一定的内在关联，而根据课题组的观察，摩天大楼的选址和酒店的选址具有较大程度的重叠。本报告以高端酒店（或称奢华酒店）为切入点，研究摩天大楼的规划建设是否具有吸引高端酒店的客观条件，以及二者之间的统计关联规律。

《HOTELS》杂志 2011 年公布了全球酒店排名，排在前十名的是：洲际酒店集团、万豪国际集团、温德姆全球、希尔顿全球、雅高酒店集团、精品国际饭店公司、喜达屋酒店及度假村、最佳西方国际集团、卡尔森环球酒店集团、凯悦酒店集团。

这些酒店在中国各省市的分布如图 5-5 所示。从总体上看，高端酒店的分布和经济发达程度或旅游发达程度具有必然的关联，上海、广东、北京、江苏、浙江占据前五位，占全国总量的比例超过 56%。

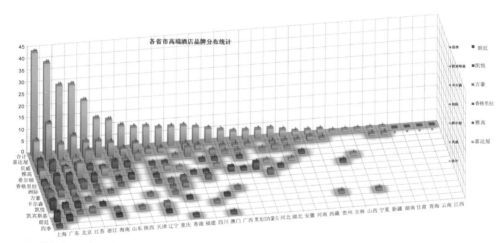

数据来源：根据各酒店品牌官方网站资料整理。

**图 5-5  我国各省市高端酒店品牌分布**

进一步和各省市的摩天大楼总量进行对比，绘制二者的散点图，如图 5-6 所示，进行曲线估计，发现在不同地域的城市中，二者具有一定的线性正相关。东部经济发达地区，摩天大楼建设与高端酒店共同繁荣，而西部一些旅游城市则显现出高端酒店的发展领先于摩天大楼建设的局面。由此可见，从一个角度看，采用一个区域高端酒店保有量可以初步判断该区域摩天大楼建设的市场潜力。

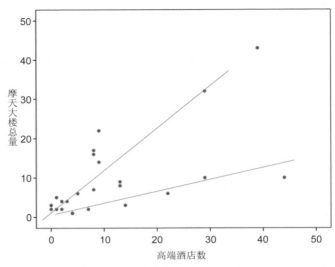

图 5-6　各省市摩天大楼总量和高端酒店数量之间的统计关系

根据统计，我国已建成 300m 以上的摩天大楼中，有 11 座有高端酒店品牌入驻，如表 5-4 所示。其中，凯悦和喜达屋各两家。

已建摩天大楼高端酒店品牌入驻情况　　　　　表 5-4

| 编号 | 大楼名称 | 所在地 | 入驻酒店 | 酒店管理公司 | 大楼高度 |
|---|---|---|---|---|---|
| 1 | 环球金融中心 | 上海市 | 柏悦酒店 | 凯悦集团 | 492m |
| 2 | 环球贸易广场 | 香港 | 丽嘉酒店 | 万豪国际集团 | 484m |
| 3 | 绿地广场紫峰大厦 | 南京市 | 洲际酒店 | 洲际集团 | 450m |
| 4 | 京基金融中心 | 深圳市 | 瑞吉酒店 | 喜达屋酒店集团 | 441m |
| 5 | 国际金融中心（西塔） | 广州市 | 四季酒店 | 四季酒店集团 | 441m |
| 6 | 金茂大厦 | 上海市 | 君悦酒店 | 凯悦集团 | 420m |
| 7 | 环球金融中心 | 天津市 | 圣瑞吉斯 | 喜达屋酒店集团 | 336m |
| 8 | 世茂国际广场 | 上海市 | 世茂皇家艾美酒店 | 世茂集团 | 333m |
| 9 | 国际贸易中心三期 | 北京市 | 国贸大酒店 | 香格里拉酒店集团 | 330m |
| 10 | 空中华西村 | 江阴市 | 华西龙希国际大酒店 | | 328m |
| 11 | 如心广场 | 香港 | 如心海景酒店 | 华懋集团 | 318m |

数据来源：互联网（各酒店中国区官方网站）。

在空间分布方面，如前所述，大部分酒店功能分布在大楼的高区，图 5-7 为典型摩天大楼中高端酒店的位置分布。从图中可以看出，酒店在混合型摩天大楼中所占的比重较大，是摩天大楼的重要用户。但从酒店规模看，由于大楼的体量和功能定位不同，酒店的楼层数和房间数也有所不同。根据我们的统计，平均每层在 12 ～ 15 个房间之间，每个房间的面积在 40 ～ 60m$^2$ 之间。

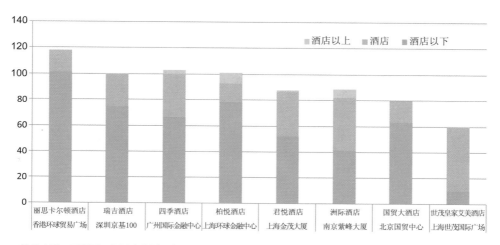

数据来源：互联网（各酒店中国区官方网站）。

**图 5-7　典型摩天大楼中酒店的位置分布**

## 5.4　摩天大楼的商业功能及用户分析

摩天大楼中的商业一般被放置在大楼的低区及裙房中，占总建筑面积的比例一般为 10% ～ 20% 之间，部分摩天大楼的商业面积占比低于 10%，甚至没有商业，主要是由于大楼配有副楼，或者周围配套设施中包含商业功能，或者附近具备足够的商业，如上海金茂大厦和上海环球金融中心，由于地处陆家嘴，该区域具有充足的商业设施，从而使这些摩天大楼主要以办公和酒店为主。

从楼层分布来看，商业一般设置在摩天大楼的 1 层至 5 层，也有很多商业包含了地下两层。这是由于商业部分人流量大，摩天大楼商业的客源不仅来自于大楼本身的来往办公人员等，也有专门购物的高端消费群。商业部分的面积一般为 2 万 m² 至 6 万 m²，具体与市场需求有关。

由于摩天大楼的商业占比一般为 10% ～ 20%，所以此部分仅分析商业占比高于 10% 的摩天大楼。选取台北 101 大厦、上海世茂国际广场、国际贸易中心三期、如心广场和中信广场等进行对比，发现摩天大楼的商业以名品服饰、珠宝和餐饮为主，几乎占据了商业的全部。在竖向布置上，服饰等主要分布在低区，即 1F ～ 3F，餐饮一般分布在商业功能的高区，即 4F 及以上。此外，有的摩天大楼还设置了面积较大的便利超市，如心广场就设置有惠康超市，为摩天大楼的来往人群和办公人群提供方便。

以上海环球金融中心为例，餐饮设置在 B2F 至 3F。上海环球金融中心的餐饮设置以主力店、小吃、快餐、饮料为主。餐饮主力店有老城隍庙小吃王国（小吃类）、俏江南（高档餐饮类）、蓝蛙（西式餐饮类）等。其中俏江南在国内多个摩天大楼均设有主力店，如深圳京基、南京紫峰大厦等。图 5-8 为上海环球金融中心商业部分 3 楼平面布局。

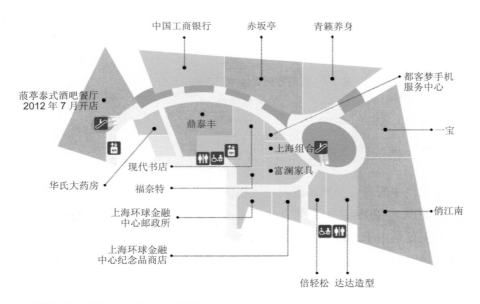

图片来源：上海环球金融中心官方网站。

**图 5-8 摩天大楼商业楼层布局样例**

## 5.5　摩天大楼的公寓功能及用户分析

如前所述，以公寓或住宅为主要功能的摩天大楼较少，如阿联酋的哈利法塔，在 160 层中 43 ～ 108 层为公寓，共 700 个单元，国内如武汉绿地中心、苏州的东方之门、江苏江阴空中华西村等，但仅有的几座也是以酒店式公寓为主。显然，住宅房地产的风险及超高层住宅高昂的价格使摩天大楼开发商慎重对待其住宅功能。即使具有居住功能，也大多采用酒店式公寓模式。图 5-9 为哈利法塔的公寓典型平面布局。

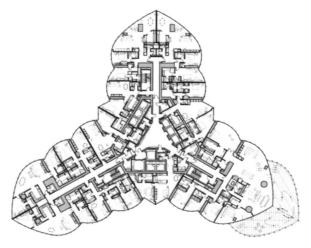

资料来源：SOM

**图 5-9　迪拜哈利法塔第 53 层公寓典型平面规划**

# 参考文献

[1] 上海地方志办公室 . 上海名建筑志 . 上海社会科学出版社，2005.102-104.

[2] 王伍仁，罗能钧 . 上海环球金融中心工程总承包管理 . 北京：中国建筑工业出版社，2009.75.

[3] http：//www.som.com/.

# 6　工程视角：摩天大楼的开发、设计、建造与运营

## 【本章观点和概要】

□ 投资和开发主体方面。据统计，美国高度排名前50位的摩天大楼投资方中，仅有16座来自房地产或物业公司，其余34座主要来自零售、汽车等实体产业企业，这无疑减少了摩天大楼的销售和出租压力和风险。与之相反，通过对我国106个已建、在建和规划建设的摩天大楼进行统计发现，摩天大楼的开发商中，房地产公司开发的摩天大楼数量占51.5%，其中绿地集团最多，达12栋；非房地产公司投资开发占31.3%。

□ 设计市场方面。摩天大楼对设计师或设计单位提出了更高的要求，国内设计院在这一领域经历了一个从学习合作到自主完成的过程。2012年以前，国外建筑师主导了我国摩天大楼的设计市场；之后国内设计院开始崭露头角，并随着我国的摩天大楼建设热潮逐渐在市场中占据重要份额（约33.3%）。但总体上看，摩天大楼的建筑设计还是以国外为主。

□ 施工总承包和物业管理市场方面。研究发现我国摩天大楼的施工单位有很强的地域性，中建和上海建工垄断了摩天大楼的施工总承包市场。与一般低层建筑相比，摩天大楼对其运营管理提出了更高的要求，目前全球五大知名物业管理公司是摩天大楼物业管理的首选。摩天大楼物业管理的方式主要有委托、联合、自管，其中委托方式最为普遍。

□ 摩天大楼是否是绿色建筑一直备受争议。美国的 LEED 认证体系在全球范围内已被公认为衡量建筑是否绿色的重要评价体系，2009年以后开始受到我国摩天大楼开发商的重视。据统计，目前在建摩天大楼中申请 LEED 认证的已超过50%。值得注意的是，所有通过 LEED 认证的摩天大楼都在金级认证以上。

## 6.1 摩天大楼的投资与开发主体

*我们完成每一个开发项目，都需要花费十几年的时间。*

*—— 森稔 森大厦株式会社代表取缔役社长*

上海环球金融中心从构想到竣工历时 14 年。期间经历了 1997 年亚洲金融危机、2001 年的 911 恐怖袭击、2003 年的非典以及中日关系长达 6 年的冰冻期等重大事件，由此造成了国内外投资方收紧投资以及上海办公楼市场需求缩减，最终使项目陷入了暂时中断的境地。摩天大楼具有投资大、建设周期长、受外部因素影响多等特点，存在巨大的投资和建设风险，客观上需要投资和开发主体具有丰富的经验，并需要进行慎重的前期论证。

通过对国内已建、在建的 106 栋摩天大楼进行统计，发现摩天大楼的开发模式主要以房地产公司投资开发为主，占比达到 51.5%，其次为非房地产公司投资开发，占比为 31.3%，联合开发占比为 17.5%，如图 6-1 所示。

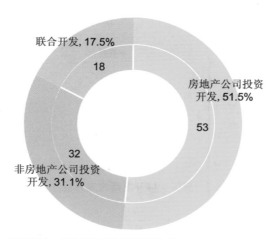

数据来源：互联网资料并经本课题组整理。

**图 6-1　摩天大楼开发商分析**

进一步统计可以发现，在房地产公司开发中，主要以民营房地产公司为主，占比为 47.2%，此类民营房地产公司一般为资金力量雄厚的大型民营企业，如恒大地产、富力集团、世茂集团、合景泰富等。其次为境外房地产公司，占比为 28.3%，并以香港的房地产公司为主，如九龙仓集团、香港新世界集团、瑞安集团、恒隆地产等。此外为国有房地产公司，占比为 24.5%，其中仅绿地集团一家就开发了数个摩天大楼，如图 6-2 所示。

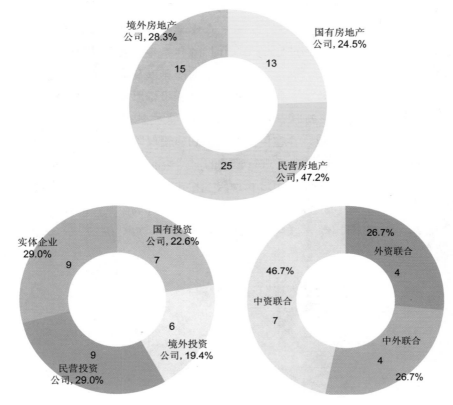

数据来源：互联网资料并经本课题组整理。

**图 6-2　摩天大楼开发商构成分析**

在非房地产公司投资开发的摩天大楼中，主要包括实体企业、民营投资公司、国有投资公司和境外投资公司。据统计，美国高度排名前 50 位的摩天大楼投资方中，仅有 16 座来自房地产或物业公司，其余 34 座主要来自零售、汽车等实体产业企业，这无疑减少了摩天大楼的销售和出租压力和风险。这与我国摩天大楼的投资方有较大差异。我国摩天大楼非房地产公司投资开发仅占 **31.1%**，其中以民营资本和境外资本为主，行业涉及金融、广电、烟草、连锁商业、电气、电力、冶金、电信等，即使这些以实体产业为主的开发企业中，也经营房地产业务，如果仅按自用为主进行统计，只有平安金融中心、中信大厦、民生银行大厦等少数摩天大楼项目。

由于摩天大楼投资巨大，联合开发也是一种很常见的开发模式，比较常见的方式为几个实体企业共同出资建设，另外房地产企业与实体企业联合建设也是一种常见的模式。据统计，在联合开发过程中，中中资本联合占 46.7%，中外资本和外资资本联合建设各占 26.7%。具体如图 6-2 所示。

对摩天大楼的建设时间进行统计还可发现，2008 年以前，摩天大楼以联合开发为主要方式，之后联合开发的摩天大楼数量不断减少，如图 6-3 所示。同时，非房地产公司投资开发和房地产公司投资开发的摩天大楼都有较大幅度的增长，尤其是最近两年，房地产公司投资开发越来越成为摩天大楼开发的主流方式。

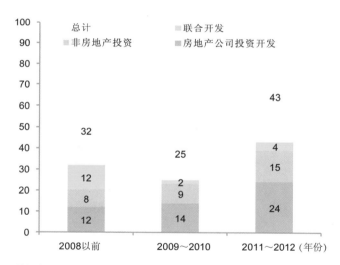

数据来源：互联网资料并经本课题组整理。

**图 6-3　摩天大楼开发模式的趋势分析**

以实体企业投资为主体的摩天大楼发展模式，意味着大楼建成后出租运营压力不大，企业自身就能消化很大一部分。房地产企业开发的摩天大楼，面临着建成后巨大的出租和运营压力。我国的房地产公司多以超高层建筑换取地方政府的"信任溢价"，从而"捆绑拿地"。从国内看，开发商投资开发超高层较慎重，境外房地产商占主流。但由于国内地产行业活跃，一些纯房地产商也开始介入，并逐渐形成个别具有成熟经验的超高层地产商，如绿地集团。国内建成和在建高度排名前十的开发商及经营业务如表 6-1 所示。

国内建成和在建高度排名前十的开发商　　　　　　　　表 6-1

| 编号 | 大楼名称 | 高度 | 城市 | 投资商/开发商 | 经营范围 |
|---|---|---|---|---|---|
| 1 | 深圳平安金融中心 | 660m | 深圳 | 中国平安保险集团 | 以保险为核心的综合金融服务 |
| 2 | 上海中心大厦 | 632m | 上海 | 上海中心大厦项目建设发展公司 | 上海城投、陆家嘴股份和上海建工集团共同出资 |
| 3 | 武汉中心 | 602m | 武汉 | 绿地集团 | 房地产主业突出，能源、金融等 |
| 4 | 高银金融117大厦 | 597m | 天津 | 高银地产/天津海泰新星房地产公司 | 物业投资及开发 |
| 5 | 广州东塔（周大福中心） | 539m | 广州 | 周大福集团/新世界中国地产 | 地产开发，经营，实业投资，国内贸易 |
| 6 | 中国樽 | 536m | 北京 | 九龙仓集团&中信泰富 | 物业和基建投资及开发 |
| 7 | 周大福中心 | 530m | 天津 | 周大福集团/新世界中国地产 | 地产开发，经营，实业投资，国内贸易 |
| 8 | 大连绿地中心 | 518m | 大连 | 绿地集团 | 房地产主业突出，能源、金融等 |
| 9 | 上海环球金融中心 | 492m | 上海 | 日本森大厦 | 房地产综合开发 |
| 10 | 环球贸易广场 | 469m | 香港 | 新鸿基集团 | 物业投资及开发为主 |

数据来源：互联网资料并经本课题组整理。

**案例：绿地集团——做最懂政府的企业，将绿地中心插遍全国**

从目前看，绿地集团已经在许多重要城市投资开发建造摩天大楼，是拥有摩天大楼最多的开发商，目前至少有 16 栋超高层，包括武汉（606m）、大连（518m）、成都（468m）、南京（450m）、苏州（358m）、长春（300m）、郑州（280m）、济南（300m）、北京（280m）、抚顺（268m）、西安（2 栋270m）、南昌（2 栋246m）、合肥（240m）、广州（200m）等，其中 3 栋高度世界排名前十，多个是区域性最高楼，每年 2～3 栋"绿地中心"竣工，其认为一个地区 GDP 超过 3000 亿，人口超过 200 万即可投资建造超高层，但以 300 米左右为宜，计划将超高层插遍全国重要城市，成为中国摩天都会集群。图 6-4 为绿地集团的全国摩天大楼分布，图 6-5 为其宣传图片。

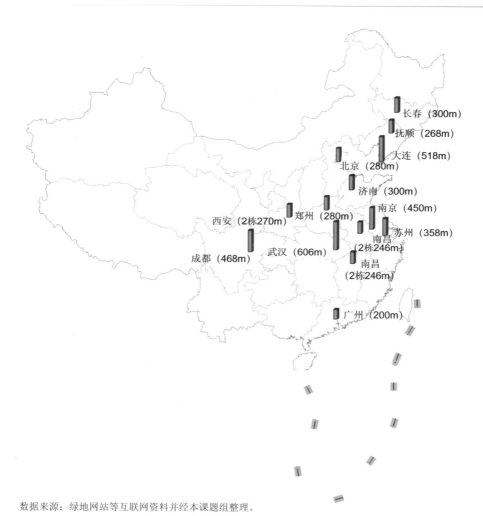

数据来源：绿地网站等互联网资料并经本课题组整理。

**图 6-4　绿地集团全国绿地中心分布**

图片来源：绿地集团网站。

**图 6-5　绿地集团网站超高层项目宣传画**

**案例：上海中心大厦——大型国企联合开发模式**

上海中心大厦地处上海浦东陆家嘴，占地 3 万多 m²，建筑面积 43.3954 万 m²，主体 121 层，主体结构高 580m，总高度 632m，总投资 148 亿，2015 年竣工交付使用，高度仅次于预计同年竣工的深圳平安国际金融大厦（660m）。

上海中心大厦建筑设计方案由美国 Gensler 建筑设计事务所完成，同济大学建筑设计研究院深化设计，由上海建工集团进行施工总承包，世邦魏理仕提供物业管理顾问。

2007 年 11 月 21 日，陆家嘴股份公司（600663）发布公告称，公司拟与上海市城市建设投资开发总公司（上海城投）、上海建工集团（上海建工）合资组建项目公司开发 Z3-2 地块（即"上海中心"地块），分别占股 45%、51% 和 4%，注册资本 54 亿元。其中，股份占到 51% 的上海城投成为这一项目的主导单位。同年 12 月，项目公司正式成立之后，由上海城投委派项目公司负责人。在具体出资形式方面，上海城投和上海建工以现金出资入股，陆家嘴股份主要以土地作价入股（其中土地作价 24 亿，现金 0.3 亿），成立了项目管理公司上海中心大厦项目建设发展有限公司。项目总投资约 148 亿元，项目管理公司注册资本金为 54 亿元，其他资金来源主要为银行贷款。据悉，交通银行、中国银行上海分行等 8 家银行提供高达 100 亿元人民币的银团贷款。各大银行还分别与上海中心大厦建设发展有限公司签订了专项金融服务协议和银企租赁合作备忘录，不仅将为该项目量身定制金融创新服务、降低项目筹融资成本，还提出在上海中心注册入驻总行级别的"金融服务研发创新机构"，以抢占未来市场竞争制高点。

## 6.2  摩天大楼的建筑设计市场

有关摩天大楼的设计，原 SOM 建筑设计事务所首席设计师，现 AS+GG 的创始人艾德里安·史密斯发现"当一个建筑楼层超过 60 层后，它所有的参数都发生了变化，完全的变化，机械参数、高度参数、结构参数、水和压力的参数，还有电梯在一定高度的运行参数等"。而实际上，更为复杂的是，设计一座摩天大楼就是设计一座垂直的城市，除了技术外还要考虑功能、文化、交通、安全、运营管理等诸多问题。同时，摩天大楼的运转需要消耗大量的能量，绿色可持续性设计也成为关键。

因此，摩天大楼对设计师或设计单位提出了更高的要求，顶尖的建筑必出自顶尖的建筑师之手。据统计，世界十大最高建筑，均出自 Marshall Strabala（马歇尔·斯特拉巴拉）、Renzo Piano（伦佐·皮亚诺）和 Lord Norman Foster（诺曼·福斯特）三位建筑师之手。

世界上第一栋 300m 以上的摩天大楼为美国建筑师威廉·拉姆于 1930 年设计，至今仍是纽约的地标性建筑，自此以后，摩天大楼的创造就从未停止过。通过对中国近 81 个已建或在建的摩天大楼的建筑设计单位进行统计发现，外方设计院仍然占据主要市场（约 65.4%），其中，13 栋摩天大楼为美国 SOM 建筑设计事务所设计；7 栋摩天大楼为 KPF 建筑师事务所设计；此外美国 Gensler 公司、澳大利亚 Woods Bagot、德国 GMP 等也是国外摩天大楼建筑设计的佼佼者。同时，中方设计院也逐渐参与超高层的建筑设计，占比达到 34.6%，一些比较有名的建筑设计院有香港的刘荣广伍振民建筑师事务所，香港王董国际以及大陆的华东建筑师设计研究院、武汉建筑设计研究院和深圳同济人建筑设计有限公司。摩天大楼的建筑设计单位统计如图 6-6 所示。

建筑设计是对摩天大楼建筑外形、建筑色彩与风格、功能构成、空间构成、竖向水平交通流线等的定义，而如何让摩天大楼的建筑设计一步一步地变为现

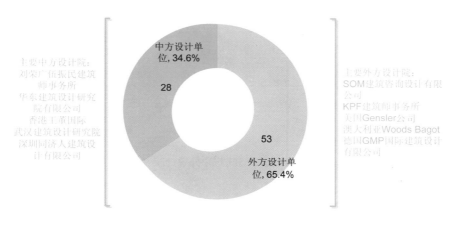

图 6-6　我国摩天大楼的建筑设计市场中外设计院（所）占有率

实则离不开结构设计、景观设计、室内设计等。同时方案设计阶段的成果还需要通过初步设计、施工图设计等步步细化，变为可施工的设计图纸。摩天大楼的设计工作如此繁杂，就决定摩天大楼的设计通常不是由一家单位承担，往往是多家公司进行联合设计，比较常见的模式是建筑设计、结构设计、景观设计等分别由不同单位设计。而在外国设计单位主导建筑设计的摩天大楼中，更需要国内设计院做结构设计以及深化设计配合。

近十年，中国摩天大楼的建设步入高潮，从图 6-7 可以看出，在样本统计的摩天大楼中，2005 年以前，摩天大楼建成总数仅为 16 栋，而 2009 年、2010 年、2011 年和 2012 年建成和在建的摩天大楼为 11 栋、9 栋、13 栋和 15 栋。同时对建筑设计单位进行时间分析可发现，中国摩天大楼的建筑设计一直以国外设计院为主，中国的建筑设计单位有一定的增长，2009 年仅占 18.2%，即 5 栋摩天大楼仅有 1 个为中国所设计，而到 2012 年已增长到 33.3%。尽管如此，中国的设计院在摩天大楼的建筑设计中仍然处于劣势，相信在不远的将来可以取得突破。

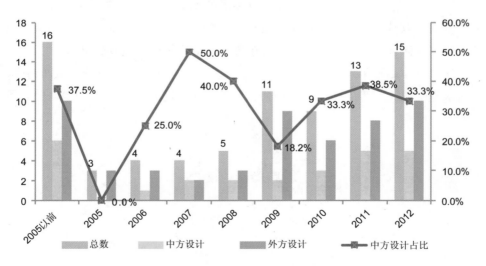

图 6-7　我国摩天大楼建筑设计市场中外设计院（所）占有率变化

摩天大楼各设计院（所）的设计风格并不十分相同，表 6-2 为主要设计单位的设计风格及代表性建筑。

国外摩天大楼主要设计单位及代表作　　　　　　表 6-2

| 编号 | 设计单位 | 国别 | 设计风格 | 代表作 |
|---|---|---|---|---|
| 1 | KPF | 美国 | 风格多样 | 上海环球金融中心（492m）、香港环球贸易广场（480m）、上海恒隆广场（288米）等 |
| 2 | SOM | 美国 | 干净利索、简洁清新 | 哈利法塔（828m）、金茂大厦（420m）、广州珠江城（309m）、武汉绿地中心（606m）、天津周大福中心（539m） |
| 3 | AS+GG | 美国 | 强调建筑与自然环境的相辅相成 | 阿拉伯塔（1000m）、武汉中心（606m） |
| 4 | Gensler | 美国 | 风格多样 | 上海中心大厦（632m）、阿布扎比Tammeer Towers（300m）、沙特阿拉伯利雅得世界贸易中心（300m） |
| 5 | Murphy Jahn[①] | 美国 | 设计创新、充满活力、完美完善 | 广州利通广场（305m）、南宁奥体苏宁广场（400m） |
| 6 | NIKKEN SEK-KEI | 日本 | 开创综合环境设计领域技术和新概念 | 东京塔（600m）、BURJALALAM（480m） |
| 7 | Foster+Partners | 英国 | 风格多样 | 伦敦千年大厦（385.5m）、香港汇丰银行大厦（180m） |
| 8 | SBA | 德国 | 风格多样 | 复旦金融创新园（350m） |

数据来源：互联网资料并经本课题组整理。
注：①Murphy Jahn 已于2012年10月26日更名为JAHN

### 案例：金茂大厦——SOM 的成功之作

金茂大厦是由美国著名的 SOM 设计事务所设计。在建筑风格上，设计师以创新的设计思想，巧妙地将世界最新建筑潮流与中国传统建筑风格结合起来，以"8"为重要元素，成为上海著名的标志性建筑。金茂大厦在平面设计、造型和立面设计、幕墙设计、空间处理等方面创造了一个又一个经典，如图6-8所示。

平面设计：采用双轴对称，受力均衡，有利于结构设计。3～50层为办公标准层；58～85层为酒店客房标准层；88层为观光标准层。

造型和立面设计：借鉴了中国古塔的构图手法，创造了一个举世无双的建筑形象。

幕墙设计：强调墙面的垂直感，从而突出建筑的高度。外墙的不锈钢板和幕墙竖框都具备节能设计的特点。

空间处理：酒店标准层空间金碧辉煌，办公区入口门厅和电梯厅空间气势恢宏，裙房中厅空间极富时代气息，观光层空间别致典雅。

## 6.3 摩天大楼的施工总承包市场

超大基坑和超长桩基的施工、高强高性能混凝土的浇筑、机电工程复杂系统的安装、超大面积环保节能幕墙的设计安装等对施工总承包单位的施工专业技术和设备等提出了很高的要求。与此同时，多级进度计划体系的管控、数百家的各类专业单位的管理协调、数千份专业合同的管理、高峰时段上万施工人员的管理、数十亿工程成本的管理与控制给施工总承包的综合管理能力也提出了极高的要求。

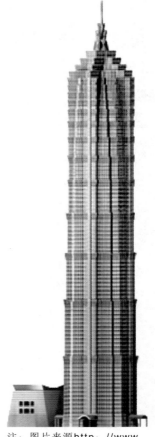

注：图片来源http://www.gaoloumi.com/

**图6-8 金茂大厦设计方案**

以上海环球金融中心为例，该工程工程量中电缆总长度54万余米，管线195万m，钢结构安装6.7万t，幕墙面积9.5万m²，垂直运输量22万吨，灯具5.8万套，地下桩基2271根，其他数字包括施工图7万张、分包商108家，高峰施工人员近5000人等，施工技术和管理难度极高。

对中国已建和在建的40栋摩天大楼进行统计分析发现，摩天大楼的施工单位基本被中建所属的子公司占据，中建三局、中建四局和中建一局成为摩天大楼的主要建造者。此外上海建工也以其突出的综合实力在摩天大楼施工承包市场中占据重要地位，已建成的金茂大厦、上海环球金融中心和正在建设的上海中心大厦都是上海建工的成功之作。中国摩天大楼的施工单位分布如图6-9所示。

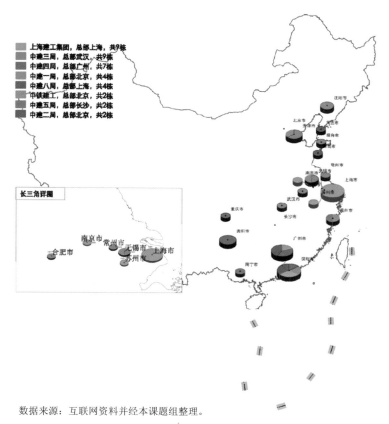

数据来源：互联网资料并经本课题组整理。

**图6-9 我国摩天大楼施工总承包市场份额及分布特征**

摩天大楼所在位置和施工单位总部所在位置是否存在联系？通过对40座摩天大楼及其施工单位所在位置分析发现（见图6-4），施工单位总部所在地和其承包的摩天大楼所在地基本对应，施工单位一般在本省及临近区域具备竞争优势。如深圳京基金融中心、广州周大福中心、广州国际金融中心、重庆环球金融中心均为总部地处广州的中建四局建造。这主要由于具有摩天大楼的总承包能力的单位本来就少，加之地域优势关系，自然区域割据泾渭分明。

**案例：上海环球金融中心——中国建筑股份有限公司牵头的联合体建造**

上海环球金融中心业主方对工程实施的管理分为四个层次：森大厦株式会社、森海外株式会社、上海环球金融中心有限公司、上海环球金融中心项目建设指挥部（**PM team**）。中国建筑股份有限公司牵头的联合体为工程总承包单位各种合同、指令关系的集成中心，需要与业主单位、设计单位、监理单位和多个施工分包单位进行联系。上海环球金融中心项目管理体系如图 6-10 所示。

上海环球金融中心工程联合总承包协议书

1. 接受业主由中国建筑工程总公司（简称"中国建筑"，现已改制为中国建筑股份有限公司）和某建筑公司组建上海环球金融中心（SWFC）项目总承包商联合体的要求，中国建筑牵头与该建筑公司合力完成项目的建造。

2. 该项目实施股份权益责任制，权益比例为：中国建筑 70%（联合体牵头方）；上海建工 30%（联合体成员方）。

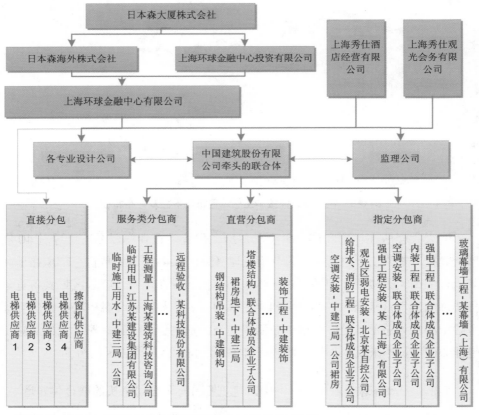

图片来源：王伍仁、罗能钧编著《上海环球金融中心工程总承包管理》。

**图 6-10　上海环球金融中心项目管理体系图**

3. 本项目的总承包合同由联合体双方法人代表共同签署。

4. 本项目的决策机构是由联合体双方组建"上海环球金融中心 SWFC 项目管理委员会"（简称"管委会"）。管委会是联合体的最高决策机构，委托执委会审批、决定该项目实施中一切重大事项。

管委会组成：

主席：中国建筑工程总公司总经理

副主席：上海建筑公司董事长

中国建筑股份有限公司总裁

成员：中国建筑选派 3 名；某建筑公司选派 1 名

执委会主席：中国建筑股份有限公司总裁

执委会副主席：上海建筑公司总裁和中国建筑股份有限公司 2 名

成员：按 7：3 比例从中建股份和上海建筑公司派出。

5. 管委会下设现场办公室，办公室负责管委会/执委会指令的传达、落实、督察推动、对接业主、对外联络、信息沟通和管委会/执委会会议筹办等工作。

6. 双方共同组建联合总承包商项目部（简称项目部），项目部接受管委会/执委会的领导。项目部根据管委会的授权，负责本项目的实施管理，全面调配和组合两大集团的人才、技术、资金、机械设备、专业施工队伍等资源，使项目资源实现最优化配置，为 SWFC 项目提供全力支持和保障。

总承包联合体项目部负责人名额分配如下：

项目经理 1 名：中国建筑选派；

项目执行经理 1 名：中国建筑选派；

项目副经理 3 名：中国建筑 2 名，上海建工 1 名；

项目总工程师 1 名：中国建筑选派；

项目副总工程师 3 名：中国建筑 2 名，上海建工 1 名；

质量总监 1 名（中国建筑选派）；职业健康安全总监 1 名（中国建筑选派）；

项目部职能部门设置按牵头方编制的《施工组织设计》安排。

7. 权益

7.1 牵头方权益为 70%，合作方的权益为 30%，双方在该项目的投入（同步）、效益分配和亏损均按照权益比例承担。

7.2 根据业主提出工程开工后每 6 个月支付一次工程款（工程进度款的

90%）的条件，双方应按股份比例筹集、及时垫付总承包商联合体经理部的前期准备、期间生产和管理发生的费用。

7.3 项目的成交额及产值和盈亏统计均按上述比例计入双方公司名下。

8．业主指定分包商均由总承包商联合体项目部实施一体化管理。

9．总承包商联合体项目部将建立项目统一的进度控制体系、质量管理保证体系、职业健康安全保证体系、环境管理保证体系，确保该工程的顺利实施。

10．合约管理

10.1 总承包商联合体经理部商务部经理 1 人由中国建筑选派，副经理 1 人由上海建工选派，由总承包联合体项目部明确对商务部的授权。

10.2 合同管理的难点之一是商务合约的管理，为此，与该项目有关的所有合约必须经总承包商联合体项目部审批或备案。

11．物资及设备管理

该项目施工所需的大型机械设备。包括塔吊、施工电梯以及混凝土输送泵等，将由双方协商决定购买或租赁。凡属于多专业共用的机械设备、临建设施、临电、临水、测量等由总承包商提供，按照股份比例分摊相关费用。仅为专业自身服务的设备由专业公司自己提供，但需报经总承包商和业主审核、批准方可进场。

12．成本与制造价格控制

12.1 本项目的总承包商价格以经业主确认的牵头方的报价书为依据，乘以业主降价要求所得的降价系数，预扣总承包商管理费后，交总承包商联合体项目部控制使用，期间不足部分按照项目部的成本预算，双方按股份比例及时垫付至共管账户。

12.2 总承包商管理费若有节余或不足，双方按权益比例分配。

12.3 本项目实行项目管理层与作业层分离的项目管理模式，选择分包商、设备租赁商、材料供应商等，必须按照总承包商联合体项目部制定的严格、透明的评审程序进行。

13．项目 CI 和对外宣传

13.1 总承包商联合体项目部建立了项目统一的 CI 手册，对现场标识、人员标示、文件版式等进行统一规划和实施。

13.2 总承包商联合体项目部对外统称为"中国建筑 - 上海建工联合体"。总承包商联合体项目部制定了项目对外宣传审批程序，严格统一对外宣传口径，涉及重大事项的宣传报道须报管委会办公室审核批准。

　　14．争议解决

　　**14.1** 管委会是本项目实施过程中的最高决策机构，项目实施过程中总承包商联合体项目部内部发生争议时，均应向管委会提请申述，未经对方同意，不得对外申诉或采取任何有损于联合体的行为。

　　**14.2** 管委会采用少数服从多数的原则进行裁决，裁决结果为本项目内部争议的最终裁定。

## 6.4　摩天大楼的电梯市场

　　电梯是摩天大楼高效运营的重要支撑，图 6-11 为上海环球金融中心的电梯垂直布置图，由此可见摩天大楼电梯的复杂性。摩天大楼把大量的人员和货物高速

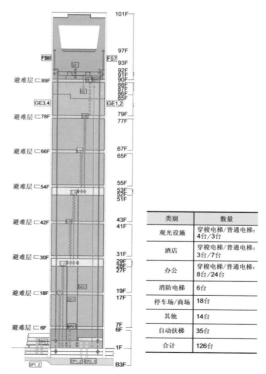

| 类别 | 数量 |
|---|---|
| 观光设施 | 穿梭电梯/普通电梯：4台/3台 |
| 酒店 | 穿梭电梯/普通电梯：3台/7台 |
| 办公 | 穿梭电梯/普通电梯：8台/24台 |
| 消防电梯 | 6台 |
| 停车场/商场 | 18台 |
| 其他 | 14台 |
| 自动扶梯 | 35台 |
| 合计 | 126台 |

图片来源：王伍仁、罗能钧编著《上海环球金融中心工程总承包管理》。

**图 6-11　上海环球金融中心电梯垂直布置图**

运到摩天大楼的每一层。无法想象，如果电梯出现故障，摩天大楼会是什么样子。据统计，上海金茂大厦有 130 部电梯，上海环球金融中心有 126 部电梯，其中扶梯 35 部，双层轿厢电梯 39 部。从造价构成看，电梯所占成本占摩天大楼总成本的 3% 甚至更高，即一个总成本为 40 亿的摩天大楼，电梯成本可能达到 1.2 亿元。

摩天大楼对电梯的质量和速度提出了相当高的要求，而根据我们的初步统计，摩天大楼的电梯基本为 OTIS（奥的斯）、三菱、迅达、富士达、蒂森克虏伯、通力、日立、东芝等国际领先的电梯供应商提供，其中 OTIS 占比最突出，达到 40%。我国摩天大楼电梯供应商市场占比具体如图 6-12 所示。但在一栋摩天大楼中，电梯可能有多种品牌，如上海环球金融中心 91 部直梯中，东芝 11 部、蒂森克虏伯 44 部、日立 6 部、OTIS30 部。

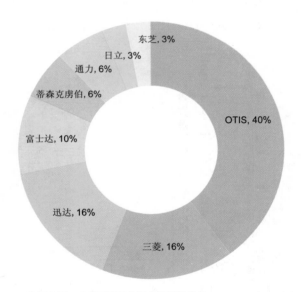

数据来源：互联网资料并经本课题组整理。

**图 6-12　我国摩天大楼电梯供应商市场占有**

## 6.5　摩天大楼的物业管理

与开发和建设的挑战相比，建成后数十年的运营难度更大，未知性因素更多，倘若运营管理不善，会大大影响摩天大楼的品质、城市形象甚至最终用户的使用效果。据报道，2012年12月30日，福州最高住宅，55层，170m的世茂天城臻园3号楼发生电梯故障，高层住户每天上下班爬楼时间3小时，极大影响了住户的日常生活；2012年7月，南京一高楼外墙太脏，被城管开出"洗脸"罚单。可见，建成后的物业管理对摩天大楼至关重要。

办公楼一般是300m以上摩天大楼的主要部分，吸引着国际国内的顶尖公司进驻。一些摩天大楼办公楼以出售为主，这既有利于迅速回笼资金，也减少了后期招租的市场变动风险，也有另外一些摩天大楼为了保持和提升大楼的品质，坚持以出租为主，这主要适合于具有强大资金实力的开发商。

入驻摩天大楼的酒店基本为全球著名的豪华五星级酒店。国际著名酒店集团公司为摩天大楼酒店提供全过程、全方面管理，如万豪酒店集团、凯悦酒店集团、喜达屋酒店集团、洲际酒店集团、四季酒店集团等。它们不仅在摩天大楼建设期间参与酒店的设计标准制定和产品交付验收，同时负责运营期间的经营管理。

摩天大楼的商业部分基本采取出租的形式，吸引符合摩天大楼功能定位和需求的国际国内著名服饰、餐饮、娱乐品牌入驻。

从目前统计的情况看，全球五大知名物业管理公司为摩天大楼物业管理的首选，其次少数国内物业管理公司也开始涉足摩天大楼。摩天大楼物业管理的方式主要有委托、联合和自管。中国已建的20栋摩天大楼中，以委托方式为主，占比为57.9%，联合、自管占比各为21.1%；委托方式中63.6%委托给国内物业管理公司进行管理，仅36.4%委托给国外物业管理公司。摩天大楼的物业管理公司以国内公司为主，占比为57.9%，国外公司占比为21.1%。

□　委托模式：摩天大楼可全权委托给全球五大知名物业管理公司，但是费用较高；同时也可委托给国内物业管理公司，价格低、服务细致周到且具有本土化特色。

□　联合模式：联合模式优势明显。一般由五大知名物业管理公司提供前期物业管理顾问服务，由本土物业管理公司提供后期全权委托物业管理。此种方式使摩天大楼既能够按照国际最高端的物业管理方式运作，同时又能够降低全过程物业管理费用。

□　自管模式：此模式适合于开发商自身具有成熟的物业管理公司或者已经具备了超高层物业管理的成功经验，如北京国际贸易中心三期。此种方式既能够节约物业管理费用，又能提高本集团物业管理水平。

对已建、在建的 20 个摩天大楼进行分析，其物业管理公司类型及物业管理模式如图 6-13 所示。

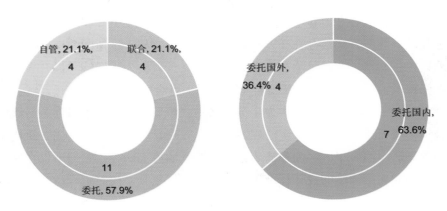

（a）摩天大楼物业管理模式

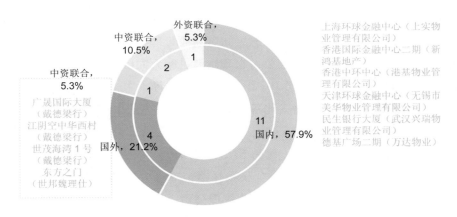

（b）摩天大楼物业管理公司类型

数据来源：互联网资料并经本课题组整理。

**图 6-13　摩天大楼物业管理模式及物业管理类型分析**

## 6.6　摩天大楼的绿色认证及关键技术

据统计，建筑能耗占社会总能耗的 30% 左右，是"耗能大户"。因此，绿色建筑是最近关注的焦点，并越来越受重视。根据我国《绿色建筑评价标准》（GB 50378）狭义上说，绿色建筑是指在建筑的全寿命期间内，最大限度地节约资源（节能，节地，节水，节材），保护环境和减少污染，为人们提供健康、适用和高效的使用空间，与自然和谐共生的建筑。相关的概念还有"可持续建筑"、"生态建筑"、"低碳建筑"、"绿色节能建筑"等。

**摩天大楼是否是绿色建筑的争议**

一种观点认为，摩天大楼的建造成本和运营成本高昂，大面积玻璃幕墙，使用效率低。随着建筑体型的增大，实现同水平的室内环境品质，超高层建筑需要消耗更多的能源。据计算，一座 200m 高的建筑成本要远远高于两座 100m 高的建筑成本。据了解，纽约帝国大厦每年消耗 4 千万 kW 的电，比某些小镇消耗的电还多，其电线将近 500 英里长，足够从纽约延伸到底特律；世界第一高楼——迪拜的哈利法塔每天的能耗惊人，供水系统平均每天供应 946000L 水，其中在夏天制冷需求最高峰的时候，需要约 10000t 冰块融化所提供的制冷量，高峰期的电力需求达 36MW，相当于同时点亮 36 万个 100W 的灯泡。此外，光污染、峡谷效应、热岛效应、高楼综合症等问题的产生使摩天大楼天生就不是一种绿色建筑。

但另一种观点认为，摩天大楼与绿色建筑并不矛盾，现有设计技术不仅可以解决以上问题，还可以更好的节省能源。例如，广州珠江城大厦——全球第一座零能耗摩天大楼——不用外接任何电力设施供能。该大厦采用了风力发电建筑一体化、光伏发电建筑一体化、智能型内呼吸式双层玻璃幕墙、辐射制冷带置换通风、高效办公设备、低流水与无流水装置、高效照明、照度及红外感应控制、高效加热/制冷机房、需求化通风、冷凝水回收共计 11 项节能措施。因此，摩天大楼完全可以成为绿色建筑，而且是未来人多地少、城市拥挤等问题的一种解决办法。

应该说，以上争论会持续存在，但不可否认的是，目前摩天大楼注重绿色设计，这是不争的事实。绿色认证热潮即是一种例证。

**绿色认证**

LEED 的全称是 Leadership in Energy and Environmental Design，意为"领

先能源与环境设计";LEED 认证的宗旨是：在设计中有效地减少环境和住户的负面影响；LEED 认证的目的是：规范一个完整、准确的绿色建筑概念，防止建筑的滥绿色化。而《绿色建筑评价标准》是由我国原建设部于 2006 年颁布实施的，为我国绿色建筑在节水、节地、节能、节材、室内环境和运营管理几方面的评价提供了科学依据，同时可作为业主、勘察设计、施工监理和运行管理人员开展绿色建筑工作的参考。

我国最早申请 LEED 认证的摩天大楼的记录可以追溯到 2005 年，而最早有通过 LEED 认证的摩天大楼是北京国际贸易中心（2010 年获得），该摩天大楼也是国内现在为数不多的达到 LEED 白金级认证的摩天大楼。此后随着"绿色建筑"理念在国内的推广和发展，LEED 认证在国内摩天大楼建设过程中越来越受到重视。在摩天大楼这一领域,2009 年之前无 LEED 认证申请通过纪录,2009 年以后已建成和在建摩天大楼申请量只有 27%，其中通过认证或预认证的占 2/3。

我国的《绿色超高层建筑评价技术细则》是对《绿色建筑评价标准》在超高层建筑绿色评价方面的补充，对我国摩天大楼的绿色建筑评价具有普遍适用性，美国 LEED 在绿色摩天大楼的评价方面已经积累了大量成功案例。DTZ 戴德梁行建筑顾问部中国区主管黄智兴指出"在中国大陆，目前超过 99% 的高品质绿色建筑都是由 LEED 认证。中国已经成为 LEED 认证的全球第二大国，仅次于美国。"这是我国目前应用最广泛的两种绿色建筑评价体系。图 6-14 为我国各省份和城市摩天大楼 LEED 认证情况。

### 绿色摩天大楼关键技术

据了解，一栋摩天大楼欲打造绿色建筑，需要多方面的技术，至少包括近 20 项，如超高层建筑与城市微气候环境相互影响、超大中庭全玻璃幕墙建筑节能与舒适性、超高层建筑中的能源梯级利用适用性技术、超高层建筑不同功能区负荷特性分析、热电联供能源梯级利用技术适用性、新能源在超高层建筑中的适用技术、超高层建筑资源优化利用技术、超高层建筑节水与中水回用技术、3R 材料在超高层建筑中的应用、超高层建筑能源与环境信息综合监管平台、超高层建筑环境智能监控系统集成、超高层建筑能源监控模式与平台、超高层建筑运营管理智能化模式、超高层绿色建筑评价体系、中国 GB/T 50378 与美

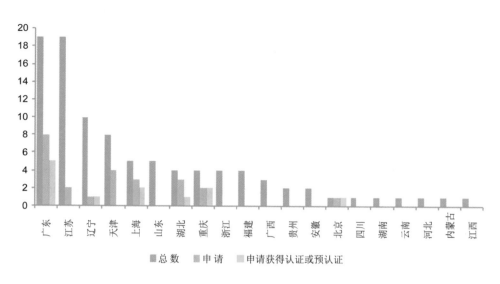

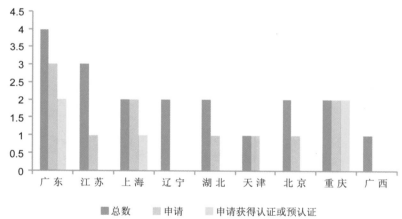

数据来源：LEED认证官网

注：统计包括了我国已建成和在建300米以上的摩天大楼

**图6-14 我国各省份和城市摩天大楼LEED认证情况**

国LEED标准协同性、超高层绿色建筑评价标准、超高层绿色建筑运营效果后评估等。可见，绿色摩天大楼的设计和建造需要多种复杂技术的协同应用，对大楼的设计、建造和运营管理方都是一个巨大考验。

# 参考文献

[1] 张玉良 . 把超高层插遍全国 . 东方早报 , 2012 , 7（12）.

[2] 黎笙 , 宇兰 , 万丽娟著 . 中国高度——解密 606 米世界第三高楼 . 北京：中国轻工业出版社 , 2012.

[3] 高楼迷论坛 . http：//www.gaoloumi.com/.

[4] 王伍仁 , 罗能钧著 . 上海环球金融中心工程总承包管理 . 北京：中国建筑工业出版社 , 2009.

[5] 福州第一高住宅楼电梯停了 业主被迫天天爬楼 . 东南网 , 2012-12-30. 在线：http：//fj.qq. com/a/20121230/000009.htm.

[6] 南京一高楼外墙太脏 城管开出"洗脸"罚单 . 扬子晚报 , 2012-12-31. 在线：http：//www. chinanews.com/fz/2012/12-31/4449351.shtml.

# 7 成本视角：摩天大楼的建造和运营

## 【本章观点和概要】

- [ ] 和低层建筑项目相比，摩天大楼的建造成本构成比重及影响因素具有显著不同，尤其是结构部分差异较大。其中，由于摩天大楼用钢量普遍较大且钢材价格变化不定，在建设周期内将是影响造价的一个重要风险。但摩天大楼单位用钢量并没有显示出和高度具有正相关，而是和结构选型和设计理念有较大关系。

- [ ] 在高度和建造成本的关系方面，研究认为影响摩天大楼经济高度的因素是复杂的，但建筑高度、楼层面积、是否异形等是重要影响因素。根据分析，单方造价和建筑高度总体呈正相关，高度在450米以上的建筑，其单方造价大约是300～430米之间的1.25～2倍，建造时间和所在地区也会对造价产生一定影响。此外，高度越高，楼面使用效率越低。

- [ ] 根据对上海金茂大厦和上海环球金融中心的经营状况分析，摩天大楼的运营成本十分高昂，但高度的标志性并不能保证大楼的出租率，在初期运营阶段，大楼的运营压力较大，经过5～8年的运营则有可能进入到平稳期，但这与整个市场的出租环境、区域竞争等有较大的关系，不可预知的风险较大。修建摩天大楼最大的风险不是资金，而是时间。

## 7.1 摩天大楼的建造成本构成及比重

摩天大楼的投资大，建设周期长，回报风险大，其建造成本构成及其比重关系和一般高层具有显著不同。表7-1为超高层建筑和低层建筑的成本影响因素比较。

超高层和低层建筑的成本影响因素比较                           表 7-1

| 类别 | 超高层建筑 | 低层建筑 |
|------|-----------|---------|
| 设计 | • 专业的建筑师、咨询工程师；<br>• 复杂的结构和幕墙系统；<br>—锥形、扭曲、倾斜的几何形式<br>• 高性能幕墙<br>—玻璃（厚度=32~36mm）<br>—铝条（厚度超过3mm）<br>• 高速电梯<br>—速度=600~1000m/min<br>• 高性能M&E设备；<br>• 集成防火系统 | • 当地建筑师和咨询工程师；<br>• 简单的结构和幕墙系统；<br>• 简单的幕墙<br>—玻璃（厚度=24mm）<br>—铝条（厚度低于3mm）<br>• 低速电梯；<br>—速度低于240m/min<br>• 低性能M&E设备 |
| 结构/材料 | • 复杂的结构系统；<br>• 横向荷载承受系统；<br>• 高性能材料；<br>—高强度钢材（570TMCP）；<br>—高强度水泥（80MPa） | • 简单的结构系统；<br>• 低性能材料<br>—低强度钢材<br>—低强度混凝土 |
| 设备 | • 高容量、高速施工设备<br>—塔式起重机(50~100吨，110m/min)；<br>—升降电梯(2m×5m×2.7m,100m/min)；<br>—高压混凝土搅拌棒(320bar) | • 普通的施工设备<br>—塔式起重机（18t，110m/min）<br>—升降电梯(1.5m×3.5m×2.5m,70m/min)<br>—低压混凝土搅拌棒（100bar） |
| 劳动生产率 | • 低生产率<br>—漫长的劳动力准备时间；<br>—漫长的材料准备时间；<br>—检查人员较少的视察和交流；<br>—极端天气导致的停工发生 | • 高生产率 |

数据来源：Jong-San Lee，Hyun-Soo Lee，Moon-Seo Park.Schematic cost estimating model for super tall building using a hight-rise premium ratio.Canadian Journal of Civil Engineering, 2011。

　　根据 CTBUH 的统计分析，典型高层建筑的单方造价约为低层建筑的 1.5 倍，各项成本构成中比重关系差异不大（其中电梯部分由 4% 上升到 7%），占比重大的分别是上部结构，前期、管理费及利润、不可预见费，内墙和装饰等以及水暖电设备及安装，分别占 21%、20%、18% 和 15%，其他部分均不超过 10%，但住宅和办公楼的构成比例关系具有显著不同。

**案例：上海环球金融中心和上海中心建造造价构成及比重**

表 7-2 为上海中心大厦、上海环球金融中心和 CTBUH 统计分析的典型超高层建安造价的构成对比。

典型摩天大楼的建安造价构成及比重区别 　　　　表 7-2

| 序号 | 项目 | 上海中心大厦 | 上海环球金融中心 | CTBUH的统计 |
|---|---|---|---|---|
| | | 高度632米 | 高度492米 | Shell&Core部分 |
| 1 | 机电工程 | 30% | 31% | 24%（MEP17%，电梯7%） |
| 2 | 钢结构工程 | 18% | 28% | 21%（上部结构） |
| 3 | 装修工程 | 15% | 16% | 9%（内装修） |
| 4 | 外立面 | 11% | 9%（幕墙） | 18% |
| 5 | 地上土建 | 6% | 9% | — |
| 6 | 地下工程 | 6% | — | 8%（地下结构） |
| 7 | 其他 | 14% | 7%（开办及管理费） | 20%（前期、管理费及利润 OH&P、不可预见费等） |

资料来源：上海科瑞建设项目管理有限公司；王伍仁、罗能钧编著《上海环球金融中心工程总承包管理》；CTBUH报告等。

以上案例分析表明，结构尤其是钢结构部分是影响摩天大楼造价的关键因素之一。根据研究，在结构方面，每平方米楼层面积的成本随着建筑高度显著增加，400m 以上超高层的指标是 100m 的 1.5 倍左右。因此，结构选型和钢材用量的控制是影响摩天大楼造价的关键。根据 CTBUH 的研究，摩天大楼的结构形式包括筒体结构、束筒结构、套筒结构、斜撑结构、核心筒 + 悬臂梁、混合结构等，2000 年之后：

　□　结构形式以"核心筒 + 悬臂梁"和"混合结构"为主；

　□　80 ～ 90 层以混凝土和钢混为主，而 90 层以上以钢混为主。纯钢结构一般在 40 ～ 70 层之间。

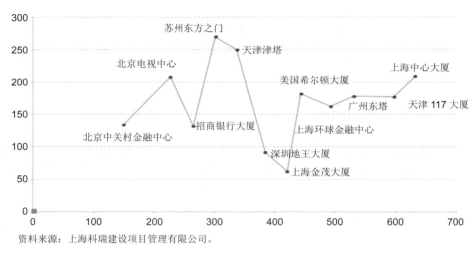

资料来源：上海科瑞建设项目管理有限公司。

图 7-1　典型摩天大楼的用钢量

从该图和相关资料发现：

　　□　用钢量是影响造价的重要因素，每增加 1t 造价要上升 1 万元。一些境外设计事务所是按用钢量计算设计费。

　　□　超高层用钢量和建筑高度并没有正相关关系，但普遍较高。一般 100kg/m² 以上。

资料来源：2001～2009年信息来源于光大证券，其他年份来源于互联网。

图 7-2　我国钢材价格走势图（2001～2012 年）

同时，由于摩天大楼建设周期在 3 ～ 5 年，期间人工、材料价格会不断变化，从而对造价产生影响，必须做好该方面的预测工作。图 7-2 为我国近 10 年来钢材的价格走势。从图中可以看出，我国钢材市场的变化波动较大，在一年内可能有近 50% 的上涨或下跌。而研究同时认为，钢材的价格和经济周期及固定资产的投资变化具有直接关系。

## 7.2　摩天大楼的高度与建造成本的关系

摩天大楼的高度与建造成本之间是否具有直接关联，一直是实践者和研究者关注的重点。例如，Clark 和 Kingston 对曼哈顿 1929 年的超高层办公大楼进行了研究，他们通过 1929 年的土地价格、建设成本和租金的数据，提出一般的超高层办公大楼的经济高度（Economic Height）是 63 层。当然，由于摩天大楼的独特性，不同地域、不同功能、不同定位的摩天大楼的经济高度是不同的，其影响因素也较为复杂。著名的工程投资咨询公司第一太平戴维斯在《高层建筑：战略设计指南（Tall Buildings：a Strategic Design Guide）》中认为，高度并不是考虑高层建筑成本的唯一标准，楼板尺寸、大楼总体面积、建设地点、建筑表达等对成本产生功能性影响。

但毫无疑问，摩天大楼的建造总成本和单方造价会随着高度而增加。第一太平戴维斯研究认为，假设同样的楼层面积（$1944m^2$），15 层高的大楼使用效率为 70%，而 60 层的往往仅为 64%；单方造价方面，后者约为前者的 1.3 倍。以 15 层高的大楼作为参照，30 层、45 层和 60 层高的大楼各项成本变化如图 7-3 所示。此外，研究还表明同样的高度，异形超高层建筑单方造价会有 30% 的提高。该机构提出摩天大楼高度和造价关系的几个规律和原则：

　　□　如楼面板面积不变，单方造价会随着高度增加，同时楼面使用效率会降低；

　　□　成本和高度的关系是跳跃性变化的，主要是不同高度和楼面板尺寸所采用的技术有很大不同；

　　□　楼面板尺寸越大越经济，主要是净使用效率以及墙地比的提升；

　　□　建在高地价地段的高层往往会牺牲楼层面积并提升造价，主要是由于复杂的立面和建筑形式以及其他的限制条件。

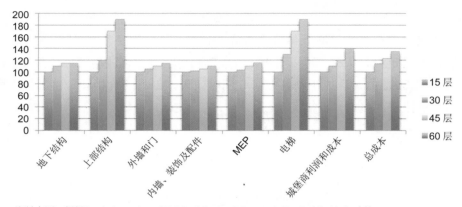

资料来源：根据Davis Langdon 《Tall Buildings：A Strategic Design Guide》改绘。

注：假定楼层面积相同，都为1944m²。

**图 7-3　不同高度对摩天大楼各构成成本的影响（以 15 层为基准）**

　　图 7-4 是我国已建或在建摩天大楼的造价分析，从图中可以看出，单方造价的高低和建筑高度具有正相关，高度在 300 ～ 430m 之间的单方造价大多在

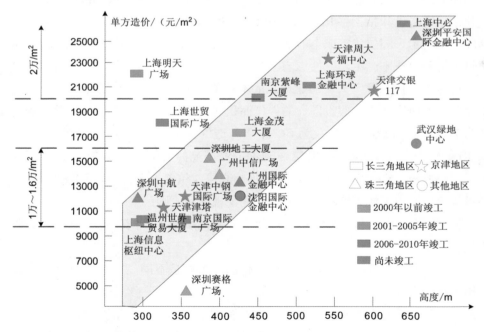

资料来源：上海科瑞建设项目管理有限公司。

注：以上造价不含土地费。

**图 7-4　我国已建或在建摩天大楼单方造价分析**

1～1.6万/m²，但450m以上基本在2万/m²左右。此外，建造时间和地区不同也会对造价产生一定的影响。

## 7.3  摩天大楼的运营成本与经济性分析

修建摩天大楼最大的风险并非资金，而是时间。你开工的时候或许能够看清未来四到五年的市场趋势，但不可能预测出七八年后的情形。如果等到楼盖好了，租不出去了，与大量小规模的楼房不同，你将要面临的是一座面积上百万平方英尺（约9.3万 m²）的大楼在20年之内不能拆掉用作他途。

——卡立德•阿法拉 阿拉伯投资公司总经理

毫无疑问，摩天大楼的经济性除了取决于建造成本外，还取决于租售状况、融资贷款成本及更为长期的运营成本。高力国际董事陈厚桥曾就广州市荔湾区拟建的预计超过600m高的"钻石大厦"进行过一项估算，以4.5米的层高计算，600m的钻石大厦建成后将高达135层左右，以每层2500m²、15000元/m²的造价来看，该项目的总投资将达到50亿元。目前类似的摩天大楼的融资渠道主要来自于银行借贷，由于商业银行对开发商借贷有所控制，开发商最多可以借到50%的资金。这就意味着该项目的开发商需要拿出25亿元的自有资金和25亿元的贷款来投入开发。若以广州西塔作为参照，钻石大厦建设周期同样是5年，目前5年期的借贷利率为每年7%左右，即使不按照复利率计算，开发商每年要偿还的利息就高达1.75亿元。这还不包括在招租期内运营一方需要投入的物业管理费用。按照一般情况，商业物业的出租率需要达到70%以上，开发商获得的租金收入才可能与物业日常维护和运营所产生的投入持平，但即使是在写字楼、商场等市场需求较大的城市，一个项目至少从招租到租满的时间也至少需要2～3年。而目前市场上平均的物业维护成本约为30元/（m²•月），依此计算，从招租开始，运营方每年在物业维护方面的投入超过1亿元。根据上述分析不难看出，50亿元的建设成本，加上融资产生的利息以及招租期间付出的维护成本，仅此一个项目，开发商的总投资估计超过60亿元。按照目前广州写字楼仅4%～5%的回报率来看，这笔巨额投资的回收周期长达20年。

由此可见，摩天大楼项目收回成本是一个漫长的过程，正如上节中阿拉伯投资公司（该公司正是 288 米的伦敦尖塔的开发商）总经理卡立德·阿法拉所说。通常认为，摩天大楼运营前 8 年，是较为惨淡的时期。

**案例 1：上海金茂大厦的建造与运营状况**

上海金茂大厦是我国最为著名的摩天大楼之一，1992 年时任对外经济贸易部部长的李岚清同志与上海市委市政府达成意向：由上海市提供环境、景观、交通、地质最佳、价格优惠的地块，经贸部组织所属专业进出口总公司出资，在浦东陆家嘴金融贸易区筹建一幢中国最高、标志性的、跨世纪的 88 层摩天大楼，取名金茂（"经贸"之谐音）大厦，其投资建造单位为中国化工进出口总公司（2003 年更名为中国中化集团公司，以下简称中化集团）、中国粮油食品进出口（集团）有限公司、中国五金矿产进出口总公司、中国轻工业进出口总公司、中国土产畜产进出口总公司、中国纺织品进出口总公司、中国机械进出口（集团）总公司、中国技术进出口总公司、中国丝绸进出口总公司、中国对外经济贸易信托投资公司、东方国际（集团）有限公司、中国仪器进出口总公司、中国包装进出口总公司和中国工艺品进出口总公司 14 家企业，业主单位为中国金茂（集团）股份有限公司，其中中国化工进出口总公司持有 52% 的股份，为最大股东。设计为美国 SOM 建筑设计事务所，1994 年奠基，1998 年 8 月落成。2008 年，香港上市公司方兴地产以 110 亿元收购金茂集团全部权益，而方兴地产为中化集团下属公司。

根据有关资料，2001 年前后大楼运营压力较大，根据测算，酒店收入约每年 2 亿元，办公租赁收入约 1 亿元，观光收入约 4500 万元，但银行贷款利息每年约 1.37 亿元，运营成本每年约 3.6 亿元。但运营 10 年后，金茂大厦运营较为良好。根据方兴地产年报，2009 ～ 2011 年，金茂大厦的办公楼平均出租率分别为 90%、92.4% 和 97.2%，租金收入分别为 4.42 亿、3.35 亿、3.55 亿，金茂君悦酒店的平均入住率分别为 57%、72.3% 和 59%，收入分别为 4.89 亿、6.62 亿和 5.6 亿，观光人群每年约 120 万人，收入约 0.6 亿，尚不包括旅游纪念品等收入。

**案例 2：庞大运营成本下的上海环球金融中心经营状况调查**

2010 年 10 月和 2011 年 3 月，中央电视台《经济信息联播》、《东方早报》

等对上海环球金融中心经营状况进行了调查。摘述如下：

在上海地产价格最贵的陆家嘴金融区，最近有一栋大楼出现了一个怪现象，这栋大楼叫环球金融中心，作为中国内地第一高楼上海环球金融中心，市场人士此前是一片看好，认为这栋楼不仅会创造商业地产经营的奇迹，而且还会成为各路商户争相租用的最火爆商业大楼。但最近的记者调查时发现，在这栋摩天大楼光鲜外表的背后，楼房的高空置率现在成了这栋大楼经营者最担心的问题。由于人流量少，部分花了高价钱租用大厦的商铺，现在是损失惨重，很多人不得不退租，惨淡离场，一栋最高的大楼，叫卖的是上海滩最高的房屋租金，为何会落到今天这个地步呢？

上海环球金融中心在 2008 年开业之初时曾预计，1 年后入驻率就可以达到 90%，投资回报期为 12 年。不过，房产中介驻场环球金融中心负责租赁的人士表示，环球金融中心目前的出租率仅有 70%。而实际调查发现，写字楼的入驻率可能只停留在 50% ～ 60% 之间。

据《东方早报》2011 年 3 月报道，环球金融中心面积约为金茂大厦的 2 倍，按当年 5% 的年贷款利息算，每年的财务成本达 4 亿元，加上运营成本和人工成本，每年的成本在 8 亿元以上。即使不考虑竞争的加剧，参照金茂大厦的出租水平，环球金融中心的年收入最多达 8.45 亿元。环球金融中心 2008 年底建成并投入运营，有不到 40 年的经营时间，要在 40 年中还清当初欠下的 700 亿日元（约合 57.7 亿元人民币）的投资贷款，每年还本就要近 1.5 亿元人民币。

运营上海环球金融中心的日本森大厦株式会社，采用的运营策略是"只租不售"。在日本从事房产开发的业内人士表示，日本商业地产企业，一般均采取"只租不售"的模式，其回收前期投资和获取收益，均依靠租金收入。但是，在庞大成本压力下，上海环球金融中心开始考虑出售。据报道，2011 年 2 月，汤臣集团以 2.67 亿购买了 72 层，单价 8.3 万 /m²，此后又售出了 4 个层面，回笼资金约 13.36 亿。而环球金融中心总共拟出售约 1/4 办公面积，可套现 30 ～ 40 亿元，大大缓解森大厦株式会社的压力。

由此可见，摩天大楼的运营成本十分高昂，但高度的标志性并不能保证大楼的出租率，在初期运营阶段，大楼的运营压力较大，经过 5 ～ 8 年的运营则有可能进入到平稳期，但这与整个市场的出租环境、区域竞争等有较大的关系，不可预知的风险较大。

# 参考文献

[1] Jong-San Lee，Hyun-Soo Lee，Moon-Seo Park. schematic cost estimating model for super tall building using a hight-rise premium ratio. Canadian Journal of Civil Engineering，2011.

[2] Davis Langdon .Tall Buildings：A Strategic Design Guide. http：//www.davislangdon.com/upload/StaticFiles/EME%20Publications/Tall%20Buildings%20publications/BCO%20Strategic%20Guide%20-%20Cost%20Section.pdf

[3] CTBUH. The Economics of High-rise . CTBUH Journal，2010，Issue III.

[4] 王伍仁，罗能钧著 . 上海环球金融中心工程总承包管理 . 北京：中国建筑工业出版社，2009.

[5] http：//www.ebscn.com/index.html.

[6] http：//www.franshion.com/ .

[7] CCTV 经济信息联播 . 上海环球金融中心调查 .2010. http：//finance.sina.com.cn/roll/20101211/22419092317.shtml .

# 8　未来视角：摩天大楼的发展与梦想

## 【本章观点和概要】

摩天梦，最初只是一颗种子，深埋在人类幻想的深处。第一座真正意义上的摩天大楼的拔地而起，预示着这个梦想被唤醒，并开始付诸于人类的实践之中。摩天大楼在全世界的建设热潮和期间引发的多次摩天大楼高度之争，正是源于人类对深邃天空的好奇与追逐，这也是人类摩天梦的起源，并一直主导着整个摩天梦的发展和实施。如今，人类的摩天梦不再局限于此，随着经济的发展，科技的进步和社会观念的转变，人类对未来摩天大楼的美好憧憬已悄然变化，巨型化、城市化、生态化和多维化已成为当下摩天梦的新话题。未来，也许人类无限的想象力和创造力将进一步丰富这个日新月异的摩天梦。

- □　巨型摩天大楼，如东京千年塔（840m，建筑面积 104 万 m²），莫斯科水晶岛（457m，建筑面积 250 万 m²），东京 X-SEED（4000m），伦敦通天塔（1524m）、旧金山终极塔楼（3200m）等；
- □　异形摩天大楼，如伦敦曼加勒城，芝加哥螺旋塔，迪拜风中烛火大厦等；
- □　特殊功能摩天大楼，如西班牙摩天淡水工厂，纽约蜻蜓农场等。
- □　地下摩"天"大楼，如墨西哥"地下摩天楼"等。

## 8.1　巨型摩天大楼

### 东京千年塔

规划时间：1989 年；

建设地点：日本，东京；

设计方：福斯特建筑事务所；

技术数据：高 840m，建筑面积 104 万 m²，170 层；

用途与理念：外观呈现圆锥形，成为一个小型的垂直城镇，在规模上相当于东京的银座或纽约的第五大街，拥有旅馆、商店、公寓以及办公场所。此建筑被构思为一根巨大的"定海神针"，包裹在螺旋线形的金属框架内，矗立于游艇码头之中。千年塔可以容纳 6 万人，有一条高速地铁网，每次载客量为 160 人，保证当地居民正常出行。千年塔每隔 13 层都设有一个交通中转站，公交系统连接这

些交通枢纽，乘客可在这些中转站上下车，或转乘电梯和移动人行道。千年塔的风力涡轮机和安装在上层的太阳能电池板可以为整栋建筑提供可持续能源。

### 莫斯科水晶岛

规划时间：2004 年左右；

建设地点：俄罗斯，莫斯科；

设计方：诺曼·福斯特；

技术数据：高度 457m，建筑面积 250 万 m²，造价 40 亿美元；

用途与理念：以"楼中城"的概念为主，可容纳 3 万人，将成为全世界楼面面积最大的建筑物。以玻璃为外墙，因像雕琢过的水晶而命名。水晶岛非常巨型，可提供 900 套单元住房、3000 个房间的酒店、能容纳 500 名学生的国际学校、电影院、博物馆、体育馆和数十间商店。

### 东京 X-SEED 4000

规划时间：1995 年；

建设地点：日本，东京；

设计方：日本大成建筑公司；

技术数据：高度 4000m，800 层；

造价：1 万亿美元；

用途与理念："X-Seed4000"摩天巨塔将是一座可以自给自足的人工智能型生态城，它将都市生活和自然环境完美结合，主结构是钢骨，外墙则使用太阳能板，利用太阳能为巨塔提供主要能源。巨塔内部将尽量自然采光，并根据外部天气变化自动调节照明亮度，大楼内部还有人造公园等"自然风景"，摩天巨塔的用水则会采用 100% 的循环水。据悉，"X-Seed 4000"摩天巨塔将使用可容纳 200 人同时乘坐的大型磁力电梯，乘客从底楼坐到顶楼，将需要花上 35 分钟的时间。但根据设计，居民们将主要生活在 2000m 以下的楼层中，而更高的地方由于空气寒冷，可能会建成滑雪场等设施。

### 伦敦通天塔

规划时间：2008 年左右；

建设地点：英国，伦敦；

设计方：英国"流行建筑"公司；

技术数据：高 1524m，300 层；

用途与理念：伦敦通天塔为钢筋骨架结构，主要靠外墙承重。塔楼中部将是一个巨大的天井，从而将光线和新鲜空气引入建筑中央。塔楼每层都有许多巨大的圆形孔洞通向户外空间，那儿将用来修建花园、公园、溜冰场、植物园、户外剧院、网球场等各种设施，让塔楼内的居民有充分的休闲场所。与此同时，每层楼之间的户外空间都将通过一个围绕在塔楼边缘的螺旋形公共楼梯相连在一起。这个公共楼梯将从塔楼顶部一直蜿蜒盘旋到塔楼最底层，从而形成一条长达数公里的"街道"。这是一座可以自给自足的人工智能型生态城。塔楼将利用

太阳能提供主要能源；塔楼内的水和垃圾都将可以回收循环再利用，从而减少环境污染；而新鲜的淡水则可以在阴天时从塔楼顶端的云层中采集，经过滤之后通过管道运送到塔楼各个住户的家中。

由于经过特殊设计，伦敦通天塔将可以分成多期进行施工，每期修建 20 层。这意味着即便居民入住之后，塔楼仍可以像搭建积木一样，继续往高空修建！据透露，规划中"伦敦通天塔"1524m 的高度将只是第一阶段建筑计划中的高度，未来它能继续"长高"。

有报道称，这座"伦敦通天塔"最多可同时居住 100 万居民。而按照"流行建筑"公司网站的说法，"伦敦通天塔"至少可住 10 万人。由于规模实在庞大，300 层的塔楼甚至划分了自己的"独立行政区"——首先，塔楼每层为一个"社区"，可住大约 600 人；其次，每 20 层为一个"村"，每个"村"大约住 6000 人。

最终，整个塔楼按楼层被划分为高、中、低 3 个"超级行政区"，每个"超级行政区"大约可住 3.3 万人。有趣的是，每个"超级行政区"将成立一个地方政府，并通过选举产生一名议员。这 3 名议员将各自在英国议会中占有一个席位，他们定期举行会议，并决定如何管理其所在的塔楼辖区。

### 旧金山终极塔楼

规划时间：2008 年左右；

建设地点：美国，旧金山；

设计方：美籍华裔建筑师崔悦君（EugeneTsui）；

技术数据：高 3200m，500 层，造价 150 亿美元；

用途与理念：终极塔楼是一个能容纳 100 万人口的垂直城市，有一个直径 6000 英尺（约合 1830m）的基座，覆盖总共 53 平方英里的空间，有 500 层楼那么高，从远处望去，就像一个巨大的圆锥体。外立面安装太阳能吸收板和风力涡轮机，并采用一种称为"大气能量转换"的技术，利用楼顶和楼底之间的压差发电，为这座未来派

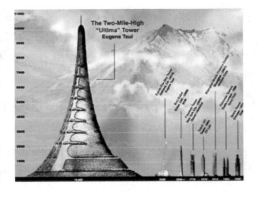

巨型建筑提供常年稳定的能源，同时对环境不会造成任何破坏。塔身的窗户都带有特别设计的空气动力学风帽，从而将自然风引入塔内，使塔楼内的空气保持新鲜。同时，塔身还安装无数面反射镜，可让阳光直接照射到建筑中。"终极塔楼"每层都将修建开放式的花园阳台，供塔楼居民休闲散步。塔楼的电动车都由丙烷和氢气驱动，从而完全避免了内燃机或有毒废气排放。

## 8.2　异形摩天大楼

伦敦曼加勒城（**Mangal City**）

规划时间：2010 年左右；

建设地点：英国，伦敦；

设计方：**Chimera** 设计团队；

用途与理念：螺旋状摩天大楼，该设计模仿了红树林复杂的生态系统，是一个由标准的豆荚状舱体组成的城市生态系统大厦。豆荚舱体随周围环境和文脉关系而旋转变化。这样一个仿生的、异想天开的优美想法，呈现出一种灵活多变的未来派建筑系统。

### 芝加哥螺旋塔

规划时间：2010 年左右；

建设地点：美国，芝加哥；

设计方：圣地亚哥·卡拉特拉瓦；

技术数据：高度 610 米，150 层，造价 22 亿美元；

用途与理念：这是一座正在建造的办公住宅两用摩天大厦，位于美国芝加哥市中心，建成后，将会是北美最高的建筑大厦。原预计 2010 年完工，现却因经济危机被迫停工。螺旋塔共有 150 层，可以容纳 1200 个单元间用于办公或居住。整座大厦呈螺旋上升形状，每层楼旋转 2 度，并且随着大厦楼层的升高，楼层的宽度随高度递减，整座大厦外形如同一把锥形的长剑，外部构造材料使用不锈钢，以达到从大厦外部看宛如一座冰雕的奇特效果。

芝加哥螺旋塔　　　　迪拜风中烛火大厦　　　　迪拜 Anara 大厦

## 8.3　特殊功能的摩天大楼

### 西班牙摩天淡水工厂

规划时间：2010 年；

建设地点：西班牙，阿尔梅里亚省；

设计方：法国 DCA 建筑设计公司；

用途与理念：主要来应对即将到来的淡水资源问题。大厦中安装了多个圆形水容器组成，水容器中装的微咸水。这些水容器都安装在球形温室之中。使用潮汐能水泵，微咸水被抽入到大厦之中。水管网是大厦的主要结构部分。水容器中种植了红树林，这些植物可以在咸水中生长，并从树叶中分泌出淡水。白天，这些分泌出来的淡水迅速蒸发，到了晚上又冷凝在建筑温室的塑料墙壁上，最终流入到淡水收集箱中。由于大厦本身的高度，收集的淡水可以利用重力分散到附近地区使用。大厦的表面积为一公顷，每公顷的红树林每天能生产 3 万升水。也就是说，

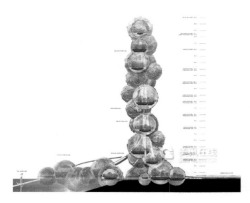

大厦每天能灌溉一公顷大的西红柿田。

### 纽约蜻蜓农场

规划时间：2008 年左右；

建设地点：美国，纽约；

设计方：比利时设计师维桑•佳利伯；

技术数据：高度 700m，132 层；

用途与理念：为解决城市化与耕地之间的矛盾，比利时设计师就此设计出一种新型建筑，并取名为"蜻蜓垂直农场"。 虽然名为"蜻蜓"，但整座建筑的外观看起来更像一只正合起翅膀休息的蝴蝶，楼体一边还"长着"两根高高的"触角"。 楼内各个区域通过透明的玻璃与钢结构联系在一起，这部分造型的灵感来自于蜻蜓翅膀，这也是整座建筑被称作"蜻蜓"的原因。"蜻蜓垂直农场"能提供足够空间供人们饲养猪、牛等牲畜。它还设有 28 个种植区，可以让人们根据季节特点种植不同农作物。农场完全利用风能与太阳能提供动力。冬天时，两扇"翅膀"间的热空气可以帮助房屋保持温暖；夏天时，自然通风和植物的蒸腾作用又能给房屋降温。另外，整栋大楼还可有效将固体垃圾转化为肥料并净化废水。

### 迪拜"旋转摩天楼"

规划时间：2008 年左右；

建设地点：阿联酋，迪拜；

设计方：意大利设计师大卫•费希尔；

技术数据：高度 420m，80 层，7 亿美元；

用途与理念：这座大楼将包含办公楼、豪华酒店和高级公寓，按照设计，"旋转摩天大楼"将以一条巨大的混凝土柱子作为中轴，组成大楼的 80 层楼层各自建在中轴上，相互之间并不相连。根据设计方案，部分楼层的旋转将通过楼顶的电脑控制，而买下整层楼的客户还可以通过电脑声控系统控制楼层旋转。每时每刻旋转，将意味着大厦的外形具有不确定性，就像"变形金刚"一样随时变幻。每个楼层的间隔都将安装风力涡轮机和吸收太阳能的光电池，能够做到能源自给。此外，摩天楼还配有声控风力发电机等多种环保

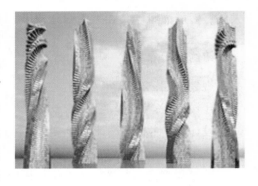

装置。大楼将采用"部件预制，即时拼砌"的建筑方法，将预先建造好的部分，包括装修好的酒店大堂、房间、公寓等，按建筑先后顺序分批砌到中轴柱上。据称，80个工人一周就能建成一个楼层。

## 8.4 地下摩"天"大楼

### 墨西哥"地下摩天楼"

规划时间：2010年左右；

建设地点：墨西哥，墨西哥城；

设计方：墨西哥BNKR建筑事务所；

技术数据：地下300m，建筑面积23.6万$m^2$，地下65层，造价10亿美元；

用途与理念：这座倒置的金字塔形大楼将建在墨西哥城中部的宪法广场地下，在设计上绕过了墨西哥城对新建筑的高度限制。"摩地大楼"的住宅、商店和一家博物馆占据10层，办公室占据35层。一个玻璃地板将覆盖广场上一个240m×240m的巨洞，用于过滤地上的自然光。玻璃地板上将竖起一面墨西哥国旗。这座建筑将建造一家文化中心。这座设计中的地下"摩天楼"位于宪法广场正中，露出地面的部分为边长240m的正方形透明结构，与广场地面平齐，这样既不会阻碍广场上举办大型活动，又能让地下楼层接受到阳光照射。

# 参考文献

[1] 百度百科. 东京千年塔（DB/OL）http://baike.baidu.com/view/2212270.htm,2012.6.13.

[2] 筑龙图库. 莫斯科水晶岛（DB/OL）.http://photo.zhulong.com/detail21056.htm,2012.6.15.

[3] 新浪博客-百万俱乐部. 东京"X-SEED4000"（DB/OL）.http://blog.sina.com.cn/s/blog_57 ca1a830100mcm6.html,2012.6.15.

[4] 中国网. 伦敦欲建通天塔容百万人居住从云端采水（组图）（DB/OL）.http://www.china. com.cn/news/txt/2008-03/28/content_13738514.htm,2012.6.17.

[5] 网易新闻. 华裔大师想建"终极塔楼"500层3200米高（图）（DB/OL）.http://news.163. com/08/0405/08/48OK1TQD0001121M.html,2012.8.5.

[6] 凤凰网. 伦敦螺旋状摩天大楼（组图（DB/OL）.http://house.ifeng.com/shejijianzhu/ detail_2010_01/26/317270_0.shtml,2012.6.22.

[7] 百度百科. 芝加哥螺旋塔（DB/OL）.http://baike.baidu.com/view/1573415.htm,2012.6.22.

[8] 中国写字楼网. 迪拜风中烛火大厦（DB/OL）.http://news.chineseoffice.com.cn/html/2009-11/1376.html,2012.7.4.

[9] 中国艺术设计联盟. 巴黎建筑设计公司：西班牙"淡水厂"（DB/OL）.http://opus.arting 365.com/entironment/2010-03-12/1268384296d220979_4.html,2012.7.4.

[10] 建E室内设计网. 纽约蜻蜓农场（DB/OL）.http://www.justeasy.cn/news/newsread.asp?id= 10353&Page=1,2012.7.4.

[11] 百度百科. 旋转摩天大楼（DB/OL）.http://baike.baidu.com/view/3170229.htm?fromId= 965632,2012.8.5.

[12] 雅虎资讯. 墨西哥建地下摩天楼深入地底300米可自然采光（DB/OL）.http://news. cn.yahoo.com/ypen/20111014/637226.html,2012.6.15.

# 9 公众视角：摩天大楼的关注与评论

## 9.1 门户网站相关专题

雅虎：摩天大楼能带给我们什么？

### 【网页地址】

http://news.cn.yahoo.com/newsview/liangaozheng/

### 【主要观点】

在追求政绩的时候，千万不要忘记老百姓心中的那杆秤。

在中国，高楼不仅是财富和实力的象征，它还被赋予了政治和意识形态的身份；它不仅是一栋建筑，它还承载着日渐膨胀的人心；它不仅由钢筋水泥浇灌，也搅拌进了权力、野心与纠葛不清的利益。

在西方，大城市的摩天楼不少是公司总部的所在，代表资本的力量；而在中国，城市地标的高楼更像是政府的彪炳功绩。

### 【主要内容】

城市恋高症：异化的高楼竞赛、摩天楼的政治学、"办政府想办的事"、曼哈顿模式的缺陷；世界第七高楼出炉记；台北 101 站着把钱赚了；高楼不是一天建成的；盖现代摩天楼，恰恰说明你不现代。

### 【专题首页】

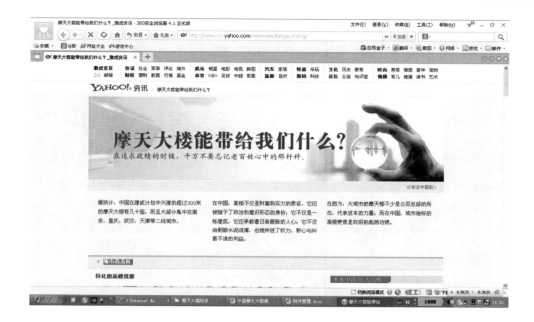

**雅虎：是什么欲望催生了摩天大楼？**

**【网页地址】**

http://news.cn.yahoo.com/motiandalou/

**【主要观点】**

摩天大楼应该建立在城市发展和百姓生活的基础之上，而不是为了满足某些地方官员的虚荣心。

**【主要内容】**

领导们喜欢什么呢？一个简单的思维就是：高；要不要盖摩天楼并不是工程问题，而是社会问题；让子子孙孙拥有更好的生活，而不要等他们老了来嘲笑我们。

**【专题首页】**

YAHOO! 资讯 ▸ 是什么欲望催生了摩天大楼？

# 是什么欲望催生了摩天大楼？

摩天大楼应该建立在城市发展和百姓生活的基础之上，而不是为了满足某些地方官员的虚荣心。

分享该专题到：

如果有导演想翻拍好莱坞名片《金刚》中大猩猩从381米高的帝国大厦坠落的经典场景，将来没准能在中国任何一个省份轻松找到相似的外景地。

近日，一份由民间研究机构摩天城市网发布的研究报告指出：当前中国正在建设的摩天大楼（以美国标准152米以上计算，仅统计写字楼）总数超过200座，相当于美国同类摩天大楼的总数。未来3年，平均每5天就会有一座摩天大楼在中国封顶。而5年后，中国的摩天大楼数量将超过800座，达到现今美国总数的4倍。

"这些大楼一旦盖完了，也许会陪着我们一辈子。"坐在曾经的世界第一高楼，上海国际金融中心97层的餐厅里，报告的主要作者吴程涛说，"那时候我们连反思的机会都没有了。"

❖ 领导们喜欢什么呢？一个简单的思维就是：高

## 新浪：摩天大楼为何没完没了？

### 【网页地址】

http：//dichan.sina.com.cn/sh/zt/184dalou/

### 【主要观点】

对于没完没了的摩天大楼，越来越多的人表示怀疑。花纳税人的钱，盖摩天大楼装点城市的门面，进而装点官员的政绩，必须受到制约。"虚假繁荣"的政绩思维不除，"摩天楼"疯长不止。要遏制"摩天楼"热，不妨先过过"民意关"。

### 【主要内容】

中国摩天大楼总数是美国4倍：中国在建摩天大楼总数超200座、中国摩天楼总数是美国4倍、港沪深位居全国前三；摩天大楼高度痴迷症后果严重：摩天大楼热暴露出发展盲目性、热衷摩天大楼 地方政府政绩所需、摩天大楼高度痴迷症后果严重；俄总统梅德韦杰夫对摩天大楼说不："世遗"保护区内要建高楼、圣彼得堡市长曾强力支持、梅德韦杰夫对摩天大楼说"不"。

【专题首页】

和讯：中国人为何爱建高楼？

【网页地址】

http：//opinion.hexun.com/2012/highbuildings/

【主要观点】

摩天大楼绝非简单意义上的修建一座超高层建筑单体，而是一个与城市环境和城市经济密切相关的系统工程。不考虑城市的规模和尺度，缺乏对城市配套和经济水平的综合考量，不权衡后期的管理运营成本，盲目建设摩天大楼，可能将把整个城市经济拖向深渊。

【主要内容】

高楼是经济发展的附属品：从 19 世纪欧美开始的"高楼情结"、土地日益成为城市稀缺资源、摩天大楼简史；谁推动了中国高楼竞赛：发展中国家渴望通过高楼展示经济实力、地方政府政绩冲动、开发商 利润诱惑；高楼经济隐患：高楼管理费用是建设投资 3 倍、投资主体单一带来巨大风险、前车之鉴 巨人大厦；劳伦斯魔咒：高楼建成经济崩溃；安全隐患与宜居问题：安全隐患、高楼对城市整体发展的影响、研究证明超过 300m 的大楼经济意义不大；图表：高楼竞赛；那些不爱高楼的国家：瑞士人不爱建高楼、英国抛弃摩天大楼。

【专题首页】

## 网易：一栋建筑，一座城市

### 【网页地址】

http：//discover.news.163.com/special/00014BP0/verticality.html

### 【主要观点】

哈利法塔刚刚才成为"地球之鞭"，迪拜已经在对下一个超级建筑摩拳擦掌。他们的目标是建一栋超过一公里高的大楼，容纳数十万人居住——这也许是中东的沙漠生存之道。而酋长们异想天开的尝试，亦为未来的建筑发展指明了道路。在大洋彼岸，不甘落后的美国人已在筹划下一次超越。而这种超越也许不仅仅是在高度上的——住宅、学校、医院、娱乐场所、甚至是寺庙和监狱等城市的各种功能单元都可能被未来的超级建筑一一收纳其中。一栋建筑，便是一座城市。

### 【主要内容】

垂直城市的雏形：现代超级建筑高度对比、计划中的摩天大楼；一栋建筑，一座城市：未来派垂直建筑；垂直城市的功能单元：垂直农场、其他功能单元。

### 【专题首页】

网易：华而不实的高楼竞赛

【网页地址】

http://discover.news.163.com/special/skyscraper/

【主要观点】

武汉将建比肩迪拜哈利法塔的"全球第三高楼"，并称其为"武汉的台阶"，掀起国内一批城市建造超高层大楼的攀比风潮。而全世界并不看好超级高楼，抛开劳伦斯魔咒"高楼建成之日即是市场衰退之时"不谈，摩天大楼已经病态发展违背建造初衷，高耗能不环保让其成为实际意义过小的地标性建筑。中国城市对"高度"盲目追逐，甚至不惜用"政绩"之手推动"面子工程"，高楼经济必然会成为城市之痛。

【主要内容】

成本：摩天大楼建造成本高，使用维护费用更高；安全：火灾是最大威胁，风吹影响电梯安全；规划：先拿地再规划缺调研，入住率或成为大问题。

【专题首页】

搜狐：摩天大楼争第一 是否债台高筑

【网页地址】

http：//huaian.focus.cn/ztdir/mtdlzbdy/index.php

【主要观点】

在中国，高楼不仅是财富和实力的象征，它还被赋予了政治和意识形态的身份；它不仅是一栋建筑，它还承载着日渐膨胀的人心；它不仅由钢筋水泥浇灌，也搅拌进了权力、野心与纠葛不清的利益。在西方，大城市的摩天楼不少是公司总部的所在，代表资本的力量；而在中国，城市地标的高楼更像是政府的彪炳功绩。

【主要内容】

中国在建摩天楼超 200 相当美国总量；发展 or 面子 大楼背后问题重重；大楼阴影 政府或是背后推手；观点 PK 摩天大楼到底是好是坏；世界十大高楼排行。

【专题首页】

## 中国建筑新闻网：被上诅咒的摩天大楼

### 【网页地址】

http：//zt.newsccn.com/show.php?specialid=184

### 【主要观点】

近年来摩天大楼全球蔓延，备受瞩目的在建或即将竣工的项目都可能与环境无关。并不是因为建筑师倡导的"让建筑从环境中消失"获得了进展，更可能是契合了迪耶·萨迪奇在《权力与建筑》中所说的，"建筑某种程度上是一种政治使命"。

### 【主要内容】

摩天大楼越来越多；摩天大楼魔咒发生；摩天大楼需不需要；摩天大楼谁的偏好；摩天大楼经济问题；魔咒施法中国经济；专家质疑摩天大楼；中国是否打破魔咒；摩天大楼越走越远。

### 【专题首页】

都市世界——城市规划与交通网：摩天大楼的诅咒？——观城市高层建筑建设

**【网页地址】**

http://www.cityup.org/topic/gaoceng/index.shtml

**【主要观点】**

英国著名投资银行巴克莱资本发布报告称，每当出现新一栋"全球最高"摩天大楼时，世界就会增大陷入金融危机的概率。报告警告投资者要特别关注中国的摩天大楼建设热潮，未来 6 年中，全球在建的 124 栋摩天大楼中有 53% 位于中国。究竟我国的高层建筑、摩天大楼建设情况如何，打击优势怎么看待这种趋势的？让我们共同关注！

**【主要内容】**

摩天大楼的魔咒：2013 ~ 2015 年中国经济面临崩溃；中国摩天大楼五年后超 800 座 恐应验诅咒；盲目建设摩天大楼将把经济拖向深渊；地方案例：西宁已建成高层建筑 749 栋、深圳"摩天大楼"热情高涨；评论：摩天大楼热与低碳理念背道而驰。

**【专题首页】**

## 9.2 专业协会机构和杂志

高层建筑暨都市集居委员会

（Council on Tall Buildings and Urban Habitat，CTBUH）

### 【网页地址】

http：//www.ctbuh.org/

### 【背景介绍】

CTBUH 总部位于芝加哥伊利诺伊理工大学，是一个由建筑、工程、规划、开发以及建造等多专业支持的非营利性组织。

协会成立于 1969 年，其宗旨是传播关于高层建筑的多学科信息，在创造建筑环境方面最大限度地促进多专业互动，并将最新的信息以最实用的方式呈献给不同的专业。

【主要工作】

CTBUH 通过以下方式来传播其研究发现并且促进商务交流：出版书籍、专论、会议记录以及报告；组织国际大会、国际 / 地区 / 专项会议以及专题研讨会；建立并保有内容丰富的网站以及关于建成、建设中与方案阶段高层建筑的数据库；每月发放国际高层建筑电子简报；拥有国际资源中心；每年颁发设计及建设的杰出建筑奖并向个人颁发终身成就奖；对特别任务的执行 / 工作组进行管理；主持技术论坛；出版 CTBUH 期刊，一本囊括了由各专业研究员、学者以及从业者撰写的专业论文的建筑期刊。协会还积极发起各种与其成员以及业界有关的调查，并且已经有了一套健全的"国家及地区代表系统"，由协会代表在全球各地对学会进行推广。

CTBUH 是高层建筑高度测量标准的裁判者，因此也是"世界最高建筑"头衔的授予者。CTBUH 是在世界高层都市建筑方面的领导者，同时也将该领域的国际信息资源整合分享。

世界高楼联盟
（World Federation of Great Towers）

【网页地址】

http：//www.great-towers.com/zh/

【背景介绍】

世界高楼联盟成立于 1989 年，现在有超过 35 个国际成员。该联盟的宗旨是展示世界上最伟大的高楼，以及庆祝创建它们的建筑和工程的惊人壮举。

世界高楼联盟还帮助其成员高楼发展本地和国际的机会来自我提高，并鼓励联网，分享想法和建立世界杰出高楼之间富有成效的伙伴关系。

【主要工作】

世界高楼联盟每年召开一次会议，以决定下一年的活动，并制订年度营销计划。

年度会议：一年一度的盛事，免费向所有成员开放。共享信息，案例研究和想法，以帮助联盟的成员更加成功。

举办年度颁奖活动并颁发全球认证：举办年度颁奖晚会，庆祝所有关于世界高楼联盟的伟大的、惊人的、难以置信的成员高楼。提供一个极好的联网机会。

美国绿色建筑委员会
（U.S. Green Building Council）

【网页地址】

http：//www.usgbc.org/Default.aspx

【背景介绍】

美国绿色建筑委员会（U.S. Green Building Council）是世界上较早推动绿色建筑运动的组织之一，它也是随着国际环保浪潮而产生的。其宗旨是整合建筑业各机构，推动绿色建筑和建筑的可持续发展，引导绿色建筑的市场机制，推广并教育建筑业主、建筑师、建造师的绿色实践。

美国绿色建筑委员会成立于 1993 年，总部设在美国首都华盛顿，是一个非政府、非营利组织，其成员来自于社会各个方面，以组织成员形式组成，主要有政府部门、建筑师协会、建筑设计公司、建筑工程公司、大学、建筑研究机构和建筑材料、设备制造商、工程和承包商。

【主要工作】

美国绿色建筑协会成立后的一项重要工作就是建立并推行了《绿色建筑评估体系》（Leadership in Energy & Environmental Design Building Rating System），国际上简称 LEEDTM。目前在世界各国的各类建筑环保评估、绿色建筑评估以及建筑可持续性评估标准中被认为是最完善、最有影响力的评估标准。已成为世界各国建立各自建筑绿色及可持续性评估标准的范本。

举办绿色建筑国际会议暨展览会——世界上最大的关于绿色建筑的会议和展览会；宣传；认证；教育；分会。

出版物

　　《摩天城市》

## 【简介】

《M'city》创刊于 2011 年 3 月 19 日，是中国第一本摩天文化与网络视觉电子杂志；《M'city》采编采用"云生产"模式，没有集体办公场所。《M'city》全部流程均通过互联网完成，员工多为兼职，实现了制作成本最低化。

## 【杂志封面】

　　《eVolo》

## 【简介】

《eVolo》是一个关于建筑与设计的杂志，专注于 21 世纪的技术革新、可持续发展和创新设计。

　　我们的目标是促进和讨论建筑界最前卫的设计，通过这个国际化的平台探索建筑设计的未来。

【杂志封面】

## 9.3　专业网站和数据库

安波利斯（Emporis）—全球建筑信息数据库

【网页地址】

http：//www.emporis.com/

【简介】

　　安波利斯是全球建筑信息提供者。安波利斯收集具有较高公共和经济价值的建筑物数据，与有关公司联系，并设置此信息标准。其提供的产品包括安波利斯研究，形象许可，溢价公司和网站广告，这些被建筑行业和其他领域的客户使用。在 2000 年安波利斯网站以 Skyscrapers.com 成立，仅着重收集摩天大楼和高层建筑的信息。

数据库包括 190 个国家的 403，420 栋建筑物；1 105 693 656m² 总建筑面积；18 297 个城市的 582 785 张图片以及具有 191 个公司类型的 165 090 家公司。

## Skyscraper page.com

### 【网页地址】

http：//skyscraperpage.com/

### 【简介】

SkyscraperPage.com 是世界上最好的摩天大楼和城市爱好者资源。具有独特的摩天大楼图表以及插图，一个全球性的建筑物数据库，一个世界上最繁忙的以摩天大楼为主题的论坛和独一无二的摩天大楼海报，SkyscraperPage.com 是所有摩天大楼爱好者的一站式资源。

## 摩天城市

### 【网页地址】

http：//www.motiancity.com/

### 【简介】

摩天城市网是一家专注于摩天建筑与城市关系研究的智库咨询机构。摩天城市网团队成员由一群热心关注摩天建筑与城市关系的研究者组成，结合民间、商界及学院力量，以政治科学、地理学、社会学、经济学、哲学、传媒、规划、文化研究等学科知识组成跨学科、跨地域及具政策的研究网络。摩天城市智库透过研究、调查及报告等方式，推动建设、规划、设计、文化、创意、保育、交通、经济、人口、融合等现代都市发展议题。摩天城市网诞生于 2009 年 12 月 28 日，是全球第一个华文摩天文化网；自成立以来，摩天城市创造了多个领域第一，包括中国第一份摩天电子杂志《M' city》，以及发布中国第一份《摩天城市报告》等；

高楼迷论坛

## 【网页地址】

http：//www.gaoloumi.com/index.php

## 【简介】

高楼迷论坛是大中华地区最大的摩天主题论坛，重点讨论全国范围内的摩天大楼、房地产和商业地产、酒店、轨道交通、城市建设、工程和建筑设计等，同时提供房地产、商业地产策划资料下载。

## 9.4 专题会议和论坛

### CTBUH 峰会、会议、专题研讨会

CTBUH 至少每 1 年举行一次国际性会议；每 4 ～ 5 年举行一次世界峰会。这些事项在全世界范围的相关城市举行，并提供所有高层建筑相关学科的权威专家的汇报展示，2006 年～ 2012 年 CTBUH 年度会议见表 9-1。

## 【网页地址】

http：//www.ctbuh.org/Events/Conferences/tabid/74/language/en-GB/Default.aspx

CTBUH 年度会议（2006 年—2012 年）　　　　　　表 9-1

| 时间 | 地点 | 主题 | 类型 |
| --- | --- | --- | --- |
| 2012.09.19—21 | 中国·上海 | 崛起中的亚洲：可持续性摩天大楼城市的时代 | 第9届全球峰会 |
| 2011.10.10—12 | 韩国·首尔 | 为什么高？绿色，安全性&人性 | 全球会议 |
| 2010.02.03—05 | 印度·孟买 | 在垂直时代重建可持续性城市 | 全球会议 |
| 2009.10.22—23 | 美国·芝加哥 | 摩天大楼的进化：全球化变暖和衰退中的新的挑战 | 全球会议 |
| 2008.03.03—05 | 阿联酋·迪拜 | 高以及绿色：一个可持续性城市未来的象征 | 第8届全球峰会 |
| 2006.10.25—26 | 美国·芝加哥 | 走出框框的思维：锥形的、倾斜的、扭曲的高楼 | 全球会议 |

来源：根据CTUBH网站整理

**超高层建筑产业峰会**

超高层建筑产业峰会，已举办五届，由捷培森集团主办，并由 ECADI（华东建筑设计研究院）支持，已经成为世界上最有影响力和专业的事件之一，2008 年～ 2012 年历界超高层建筑产业峰会见表 9-2。

**历届超高层建筑产业峰会**                                                      表 9-2

| 时间 | 地点 | 主题 |
| --- | --- | --- |
| 2012.03.27—28 | 上海 | 通过设计创新和技术优化，为超高层健康安全发展提供有力支持 |
| 2011.103.22—23 | 上海 | 助力城市可持续发展，让摩天楼改变城市生活 |
| 2010.03.23—24 | 上海 | 打造世界级安全、绿色摩天大楼，推动超高层建筑可持续发展 |
| 2009.03.26—27 | 上海 | 构建全世界更高、更安全、更绿色、更具人性化的超高层建筑 |
| 2008.03.27—28 | 上海 | 以设计、工程建设和商业化的完美结合，建造具有可持续性、多功能意义的地标性超高层建筑 |

来源：互联网

## 9.5 专项奖项

### CTBUH 年度奖项

**【简介】**

随着 2012 年新设立的"创新奖"，CTBUH 每年颁发 8 个高层建筑奖、6 个在设计和施工方面的卓越奖和 2 个终身成就奖。在公开选拔提名阶段后，CTBUH 协会的评奖委员会将挑选出每一个类别的获奖者。"全球最佳高层建筑"奖项是从四个地区（美洲、亚洲 & 澳洲、欧洲、中东 & 非洲）的获奖者中挑选出来的，并在 CTBUH 年度颁奖典礼暨晚宴上宣布。

**【网页地址】**

http：//www.ctbuh.org/Awards/tabid/73/language/en-US/Default.aspx

**【奖项设置】**

"最佳高层建筑奖"、"终身成就奖"

## 【奖项清单】

全球最佳建筑奖，见表 9-3。

全球最佳建筑奖（2007 ～ 2011 年）　　　　　表 9-3

| 时间 | 获奖名单 | 建筑地点 |
|---|---|---|
| 2011年 | KfW Westarkade | 德国·法兰克福 |
| 2010年 | Burj Khalifa | 阿联酋·迪拜 |
| 2010年（全球巨星奖） | Broadcasting Place | 英国·利兹 |
| 2009年 | Linked Hybrid Building | 中国·北京 |
| 2008年 | Shanghai World Financial Center | 中国·上海 |
| 2007年 | The Beetham Hilton Tower | 英国·曼彻斯特 |
| 2007年（最佳可持续建筑） | Hearst Tower | 美国·纽约 |

来源：根据CTBUH网站整理

终身成就奖，见表 9-4、表 9-5。

Lynn S Beedle 成就奖　　　　　表 9-4

| 时间 | 获奖名单 | 时间 | 获奖名单 |
|---|---|---|---|
| 2012年 | Helmut Jahn | 2006年 | Dr Ken Yeang |
| 2011年 | Adrian Smith | 2005年 | Dr Alan G Davenport |
| 2010年 | William Pedersen | 2004年 | Gerald D Hines |
| 2009年 | John C Portman Jr | 2003年 | Charles A DeBenedittis |
| 2008年 | Cesar Pelli | 2002年 | Lynn S Beedle |
| 2007年 | Lord Norman Foster | | |

来源：根据CTBUH网站整理

Fazlur R. Khan 成就奖　　　　　表 9-5

| 时间 | 获奖名单 | 时间 | 获奖名单 |
|---|---|---|---|
| 2012年 | Charles Thornton & Richard Tomasetti | 2007年 | Dr. Farzad Naeim |
| 2011年 | Dr. Akira Wada | 2006年 | Srinivasa "Hal" Iyengar |
| 2010年 | Ysrael Seinuk | 2005年 | Dr. Werner Sobek |
| 2009年 | Dr. Prabodh V. Banavalkar | 2004年 | Leslie E. Robertson |
| 2008年 | Dr. Prabodh V. Banavalkar | | |

来源：根据CTBUH网站整理

## 安波利斯摩天楼大奖（Emporis Skyscraper Award）

### 【简介】

安波利斯摩天楼大奖是世界上最著名的高层建筑的奖项。它每年举行一次，以评选出高度至少为 100m 的最佳建筑设计和功能的新建建筑。每年，由权威评委评选出 3 个项目授以金奖、银奖和铜奖。

### 【网页地址】

http：//www.emporis.com/awards

### 【部分获奖作品展示】

图片来源：Emporis网站

| 2010 年 | 2009 年 | 2008 年 |
|---|---|---|
| **Hotel Porta Fira** | **Aqua** | **Mode Gakuen Cocoon Tower** |
| （费拉酒店） | （阿尔塔） | （东京时尚蚕茧大厦） |

## eVolo 摩天大楼设计竞赛

### 【简介】

该竞赛由美国知名建筑杂志 eVolo 自 2006 年起创办，每年举办一次。评委会由知名艺术家和建筑师组成，参赛者主要为世界范围内的职业建筑师和高校师生，设第一、二、三名及若干荣誉奖。竞赛以摩天大楼为题，对场地、建筑高度、外形和技术指标没有任何限定，旨在探索摩天大楼在有限的城市空间里垂直发展的各种可能，从而给予设计者无限创作空间。

【网页地址】

http：//www.evolo.us/category/competition/

【部分获奖作品展示】

图片来源：evolo网站

2012 年一等奖
喜马拉雅水塔
设计者：中国哈工大四年级学生团队

2011 年一等奖
LO2P 循环再生大楼
设计者：CMJN 工作室

# 附录一：我国已建的摩天大楼统计（高度 300m 以上）

| 台北101大厦 | 城市 | 地上层数 | 开工 | 功能 |
|---|---|---|---|---|
| | 台北 | 101 | 1999 | 商业，办公，会议 |
| | 建筑高度/m | 地下层数 | 竣工 | 主体建筑面积/m² |
| | 508 | 5 | 2004 | 193400 |

| 开发商 | 台北金融中心公司 |
|---|---|
| 设计方 | 李祖原建筑师事务所 |
| 施工方 | 台湾熊谷/荣民工程/钜有为建设 |

| 环球金融中心 | 城市 | 地上层数 | 开工 | 功能 |
|---|---|---|---|---|
| | 上海 | 101 | 1997 | 商业，办公，酒店，会议 |
| | 建筑高度/m | 地下层数 | 竣工 | 主体建筑面积/m² |
| | 492 | 3 | 2008 | 381600 |

| 开发商 | 上海环球金融中心公司/日本森大楼公司 |
|---|---|
| 设计方 | KPF建筑师事务所/籁思理·罗伯逊联合股份有限公司/上海现代建筑设计（集团）有限公司/华东建筑设计研究院有限公司 |
| 施工方 | 中国建筑工程总公司/上海建工（集团）总公司总承包联合体 |

| 环球贸易广场 | 城市 | 地上层数 | 开工 | 功能 |
|---|---|---|---|---|
| | 香港 | 108 | 2002 | 办公，酒店 |
| | 建筑高度/m | 地下层数 | 竣工 | 主体建筑面积/m² |
| | 484 | 4 | 2010 | 262000 |

| 开发商 | 新鸿基地产 |
|---|---|
| 设计方 | Kohn Pedersen Fox建筑事务所 |
| 施工方 | 香港新辉建筑有限公司 |

续表

| | 城市 | 地上层数 | 开工 | 功能 |
|---|---|---|---|---|
| **绿地广场紫峰大厦** | 南京 | 88 | 2005 | 商业，办公，酒店 |
| | 建筑高度/m | 地下层数 | 竣工 | 主体建筑面积/m² |
| | 450 | 5 | 2010 | 137529 |
| 开发商 | 绿地集团/南京市国资集团 | | | |
| 设计方 | SOM设计事务所/SWA景观设计事务所 | | | |
| 施工方 | 上海建工集团 | | | |
| | 城市 | 地上层数 | 开工 | 功能 |
| **京基金融中心** | 深圳 | 100 | 2007 | 商业，办公，酒店 |
| | 建筑高度/m | 地下层数 | 竣工 | 主体建筑面积/m² |
| | 441 | 5 | 2011 | 220000 |
| 开发商 | 深圳市蔡屋围实业股份公司/京基集团 | | | |
| 设计方 | 泰瑞法瑞设计公司香港分公司/奥瑞纳香港分公司/LIA设计公司 | | | |
| 施工方 | 中国建筑第四工程局有限公司 | | | |
| | 城市 | 地上层数 | 开工 | 功能 |
| **国际金融中心** | 广州 | 103 | 2006 | 商业，办公，酒店，住宅 |
| | 建筑高度/m | 地下层数 | 竣工 | 主体建筑面积/m² |
| | 438 | 4 | 2010 | 250095 |
| 开发商 | 广州市城市建设开发有限公司/广州市城市建设开发集团有限公司/越秀投资有限公司联合体 | | | |
| 设计方 | Wilkinson Eyre Architects有限公司/Ove Arup&Partners联合体 | | | |
| 施工方 | 中建四局第六建筑工程有限公司 | | | |
| | 城市 | 地上层数 | 开工 | 功能 |
| **金茂大厦** | 上海 | 88 | 1994 | 商业，办公，酒店，会议 |
| | 建筑高度/m | 地下层数 | 竣工 | 主体建筑面积/m² |
| | 420 | 3 | 1999 | 287360 |
| 开发商 | 中国金茂（集团）股份有限公司 | | | |

| | | | | |
|---|---|---|---|---|
| 设计方 | 美国芝加哥SOM设计事务所/上海现代建筑设计（集团）有限公司 | | | |
| 施工方 | 上海建工集团总公司 | | | |
| 国际金融中心二期 | 城市 | 地上层数 | 开工 | 功能 |
| | 香港 | 88 | 2000 | 商业，办公 |
| | 建筑高度/m | 地下层数 | 竣工 | 主体建筑面积/m² |
| | 412 | 6 | 2003 | 185805 |
| 开发商 | 港铁公司/新鸿基地产/恒基兆业地产/香港中华煤气/中银香港属下新中地产 | | | |
| 设计方 | César Pelli/严迅奇 | | | |
| 施工方 | E Man-Sanfield JV股份有限公司 | | | |
| 中信广场 | 城市 | 地上层数 | 开工 | 功能 |
| | 广州 | 80 | 1993 | 商业，办公 |
| | 建筑高度/m | 地下层数 | 竣工 | 主体建筑面积/m² |
| | 390 | 2 | 1996 | 205239 |
| 开发商 | 中信集团公司 | | | |
| 设计方 | 刘荣广伍振民建筑师事务所 | | | |
| 施工方 | 广州市第二建筑工程公司 | | | |
| 信兴广场地王大厦 | 城市 | 地上层数 | 开工 | 功能 |
| | 深圳 | 69 | 1993 | 商业，办公 |
| | 建筑高度/m | 地下层数 | 竣工 | 主体建筑面积/m² |
| | 384 | 3 | 1996 | 270000 |
| 开发商 | 深圳市房地产开发有限公司 | | | |
| 设计方 | 美国建筑设计有限公司张国言设计事务所/新日本制铁株式会社/茂盛工程顾问有限公司 | | | |
| 施工方 | 中国建筑第二工程局有限公司/深圳建升和钢结构公司 | | | |
| 高雄85大楼 | 城市 | 地上层数 | 开工 | 功能 |
| | 高雄 | 85 | 1994 | 商业，办公，酒店 |
| | 建筑高度/m | 地下层数 | 竣工 | 主体建筑面积/m² |
| | 348 | 5 | 1997 | 306337 |

续表

| 开发商 | 建台水泥股份有限公司/东帝士集团 | | | |
|---|---|---|---|---|
| 设计方 | 李祖原建筑师事务所 | | | |
| 施工方 | 建台水泥/东帝士集团 | | | |
| **中环广场** | 城市 | 地上层数 | 开工 | 功能 |
| | 香港 | 78 | 1989 | 办公 |
| | 建筑高度/m | 地下层数 | 竣工 | 主体建筑面积/m² |
| | 374 | 3 | 1992 | 172798 |
| 开发商 | 新鸿基地产/信和置业有限公司/Ryoden Development有限公司 | | | |
| 设计方 | 刘荣广伍振民建筑师事务所 | | | |
| 施工方 | Manloze有限公司 | | | |
| **中国银行大厦** | 城市 | 地上层数 | 开工 | 功能 |
| | 香港 | 72 | 1985 | 办公 |
| | 建筑高度/m | 地下层数 | 竣工 | 主体建筑面积/m² |
| | 367 | 4 | 1989 | 135000 |
| 开发商 | 中国银行香港分行 | | | |
| 设计方 | 贝聿铭团队/香港龚书楷建筑师事务所有限公司 | | | |
| 施工方 | 日本熊谷组/香港建筑有限公司 | | | |
| **赛格广场** | 城市 | 地上层数 | 开工 | 功能 |
| | 深圳 | 75 | 1997 | 商业，办公 |
| | 建筑高度/m | 地下层数 | 竣工 | 主体建筑面积/m² |
| | 356 | 4 | 2000 | 169834 |
| 开发商 | 深圳赛格集团有限公司 | | | |
| 设计方 | 中国建筑工程总公司 | | | |
| 施工方 | 中国建筑工程总公司 | | | |
| **中环中心** | 城市 | 地上层数 | 开工 | 功能 |
| | 香港 | 73 | 1995 | 办公 |
| | 建筑高度/m | 地下层数 | 竣工 | 主体建筑面积/m² |
| | 346 | 3 | 1998 | 130032 |

续表

| 开发商 | 长江实业（集团）有限公司/香港土地发展公司 | | | |
|---|---|---|---|---|
| 设计方 | 刘荣广伍振民建筑师事务所 | | | |
| 施工方 | 保华德祥建筑集团有限公司 | | | |
| 环球金融中心 | 城市 | 地上层数 | 开工 | 功能 |
| | 天津 | 75 | 2007 | 商业，办公，会议 |
| | 建筑高度/m | 地下层数 | 竣工 | 主体建筑面积/m² |
| | 337 | 4 | 2011 | 345302 |
| 开发商 | 天津金融街房地产有限公司 | | | |
| 设计方 | SOM设计事务所/华东建筑设计院有限公司 | | | |
| 施工方 | 中国建筑第一工程局有限公司 | | | |
| 世茂国际广场 | 城市 | 地上层数 | 开工 | 功能 |
| | 上海 | 60 | 2001 | 商业，酒店 |
| | 建筑高度/m | 地下层数 | 竣工 | 主体建筑面积/m² |
| | 333 | 3 | 2006 | 91600 |
| 开发商 | 上海世贸集团 | | | |
| 设计方 | 英恩霍文欧文迪克建筑设计事务所/华东建筑设计院有限公司 | | | |
| 施工方 | 上海建工集团总公司 | | | |
| 民生银行大厦 | 城市 | 地上层数 | 开工 | 功能 |
| | 武汉 | 68 | 1998 | 办公 |
| | 建筑高度/m | 地下层数 | 竣工 | 主体建筑面积/m² |
| | 331 | 3 | 2010 | 110000 |
| 开发商 | 武汉香利房地产开发公司 | | | |
| 设计方 | 武汉建筑设计院 | | | |
| 施工方 | 信息未公布 | | | |
| 世界贸易中心 | 城市 | 地上层数 | 开工 | 功能 |
| | 温州 | 68 | 2005 | 商业，办公，酒店 |
| | 建筑高度/m | 地下层数 | 竣工 | 主体建筑面积/m² |
| | 333 | 4 | 2009 | 180000 |

续表

| | 开发商 | 温州国际贸易与房地产开发有限公司 | | | |
|---|---|---|---|---|---|
| **国际贸易中心三期** | 设计方 | R.T.K.L国际建筑设计有限公司/上海现代建筑设计集团 | | | |
| | 施工方 | 中国建筑第一工程局有限公司 | | | |
| | | 城市 | 地上层数 | 开工 | 功能 |
| | | 北京 | 74 | 2005 | 商业，办公，酒店 |
| | | 建筑高度/m | 地下层数 | 竣工 | 主体建筑面积/m² |
| | | 330 | 4 | 2009 | 280000 |

| | 开发商 | 中国国际贸易中心股份有限公司 | | | |
|---|---|---|---|---|---|
| **空中华西村** | 设计方 | SOM设计事务所/王董建筑师事务有限公司 | | | |
| | 施工方 | 中国建筑国际集团有限公司 | | | |
| | | 城市 | 地上层数 | 开工 | 功能 |
| | | 无锡 | 72 | 2007 | |
| | | 建筑高度/m | 地下层数 | 竣工 | 主体建筑面积/m² |
| | | 328 | 2 | 2011 | 212987 |

| | 开发商 | 华西村村委会 | | | |
|---|---|---|---|---|---|
| **如心广场** | 设计方 | 深圳奥意建筑工程设计有限公司 | | | |
| | 施工方 | 中国建筑第二工程局有限公司 | | | |
| | | 城市 | 地上层数 | 开工 | 功能 |
| | | 香港 | 80 | 1999 | 商业，办公，酒店 |
| | | 建筑高度/m | 地下层数 | 竣工 | 主体建筑面积/m² |
| | | 320 | 2 | 2007 | 185810 |

| | 开发商 | 华懋集团 | |
|---|---|---|---|
| | 设计方 | Arthur C S Kwok Architects & Associates Ltd/卡萨国际设计/刘荣广伍振民建筑师事务所 | |
| | 施工方 | | |

续表

| | 城市 | 地上层数 | 开工 | 功能 |
|---|---|---|---|---|
| 珠江城大厦 | 广州 | 71 | 2006 | 办公 |
| | 建筑高度/m | 地下层数 | 竣工 | 主体建筑面积/m² |
| | 310 | 5 | 2012 | 214100 |
| 开发商 | 中国烟草总公司广东省公司 | | | |
| 设计方 | SOM设计事务所/广州市设计院 | | | |
| 施工方 | 上海建工集团总公司 | | | |

| | 城市 | 地上层数 | 开工 | 功能 |
|---|---|---|---|---|
| 利通广场 | 广州 | 64 | 2008 | 办公 |
| | 建筑高度/m | 地下层数 | 竣工 | 主体建筑面积/m² |
| | 302 | 5 | 2012 | 160133 |
| 开发商 | 广东利通置业投资有限公司 | | | |
| 设计方 | Murphy-Jahn跨国设计团队/华南理工大学建筑设计研究院 | | | |
| 施工方 | 中国建筑第八工程局有限公司 | | | |

注：本部分统计截止时间为2012年5月1日，统计的摩天大楼均已投入使用，封顶状态的摩天大楼不在统计范围内。

# 附录二:我国在建的摩天大楼统计(高度 300m 以上)

| 平安国际金融中心 | 城市 | 建筑高度/m | 层数 | 开工时间 | 竣工时间 |
|---|---|---|---|---|---|
| | 深圳 | 660 | 118 | 2009 | 2014 |
| 开发商 | 中国平安保险(集团)股份有限公司 | | | | |
| 设计方 | KPF建筑师事务所 | | | | |
| 功能 | 写字楼、酒店、商业 | | | | |
| 上海中心大厦 | 城市 | 建筑高度/m | 层数 | 开工时间 | 竣工时间 |
| | 上海 | 632 | 121 | 2008 | 2014 |
| 开发商 | 上海中心大厦项目建设发展有限公司 | | | | |
| 设计方 | 美国Gensler公司 | | | | |
| 功能 | 写字楼 酒店 商业 | | | | |
| (武汉)绿地中心 | 城市 | 建筑高度/m | 层数 | 开工时间 | 竣工时间 |
| | 武汉 | 606 | 119 | 2011 | 2017 |
| 开发商 | 绿地集团 | | | | |
| 设计方 | Adrian Smith 、 Gordon Gill Architecture | | | | |
| 功能 | 写字楼、酒店、商业、住宅 | | | | |
| 高银117大厦 | 城市 | 建筑高度/m | 层数 | 开工时间 | 竣工时间 |
| | 天津 | 597 | 117 | 2009 | 2014 |
| 开发商 | 高银地产 | | | | |
| 设计方 | P＆T 集团 | | | | |
| 功能 | 写字楼 酒店 | | | | |

续表

| 罗斯洛克国际金融中心 | 城市 | 建筑高度/m | 层数 | 开工时间 | 竣工时间 |
|---|---|---|---|---|---|
| | 天津 | 588 | — | 2011 | — |
| 开发商 | 罗斯洛克集团 | | | | |
| 设计方 | ＢＩＧ、ＨＫＳ、ＡＲＵＰ | | | | |
| 功能 | 写字楼 | | | | |

| 周大福中心 | 城市 | 建筑高度/m | 层数 | 开工时间 | 竣工时间 |
|---|---|---|---|---|---|
| | 广州 | 539.2 | 112 | 2009 | 2014 |
| 开发商 | 周大福集团 | | | | |
| 设计方 | KPF建筑师事务所 | | | | |
| 功能 | 写字楼 酒店 | | | | |

| (天津)周大福滨海中心 | 城市 | 建筑高度/m | 层数 | 开工时间 | 竣工时间 |
|---|---|---|---|---|---|
| | 天津 | 660 | 118 | 2009 | 2014 |
| 开发商 | 新世界中国地产 | | | | |
| 设计方 | Skidmore Owings & Merrill | | | | |
| 功能 | 写字楼、酒店 | | | | |

| (大连)绿地中心 | 城市 | 建筑高度/m | 层数 | 开工时间 | 竣工时间 |
|---|---|---|---|---|---|
| | 大连 | 530 | 96 | 2012 | |
| 开发商 | 上海绿地集团 | | | | |
| 设计方 | 美国HOK建筑事务所 | | | | |
| 功能 | 写字楼、酒店、住宅 | | | | |

| 佳兆业环球金融中心 | 城市 | 建筑高度/m | 层数 | 开工时间 | 竣工时间 |
|---|---|---|---|---|---|
| | 深圳 | 518 | 88 | 2011 | 2016 |
| 开发商 | 佳兆业集团 | | | | |
| 设计方 | RTKL | | | | |
| 功能 | 写字楼、商业 | | | | |

| 富力广东大厦A座 | 城市 | 建筑高度/m | 层数 | 开工时间 | 竣工时间 |
|---|---|---|---|---|---|
| | 天津 | 518 | 100 | 2011 | |

续表

| | | | | | |
|---|---|---|---|---|---|
| 开发商 | 富力集团 | | | | |
| 设计方 | 美国GP建筑设计有限公司 | | | | |
| 功能 | 写字楼、住宅、酒店 | | | | |
| 嘉陵帆影国际经贸中心二期 | 城市 | 建筑高度/m | 层数 | 开工时间 | 竣工时间 |
| | 重庆 | 480 | 93 | 2012 | 2015 |
| 开发商 | 瑞安集团 | | | | |
| 设计方 | KPF建筑师事务所 | | | | |
| 功能 | 写字楼、酒店 | | | | |
| 日月光中心R6 | 城市 | 建筑高度/m | 层数 | 开工时间 | 竣工时间 |
| | 重庆 | 468 | 105 | 2009 | 2016 |
| 开发商 | 台湾日月光集团 | | | | |
| 设计方 | | | | | |
| 功能 | 写字楼、酒店 | | | | |
| 绿地中心 | 城市 | 建筑高度/m | 层数 | 开工时间 | 竣工时间 |
| | 成都 | 468 | 93 | 2012 | |
| 开发商 | 绿地集团 | | | | |
| 设计方 | — | | | | |
| 功能 | 写字楼、酒店、商业 | | | | |
| 武汉天地A1 | 城市 | 建筑高度/m | 层数 | 开工时间 | 竣工时间 |
| | 武汉 | 468 | | 2012 | |
| 开发商 | 武汉瑞安天地房地产发展有限公司 | | | | |
| 设计方 | Pelli Clarke Pelli Architects | | | | |
| 功能 | 酒店、写字楼、商业 | | | | |
| 城市之光 | 城市 | 建筑高度/m | 层数 | 开工时间 | 竣工时间 |
| | 宁波 | 460 | 72 | 2012 | 2015 |
| 开发商 | 恒大地产 | | | | |
| 设计方 | 美国建筑设计师Cesar Pelli(西萨.佩里) | | | | |

续表

| 功能 | 写字楼、酒店、商业 | | | | |
|---|---|---|---|---|---|
| (九龙仓)国际金融中心 | 城市 | 建筑高度/m | 层数 | 开工时间 | 竣工时间 |
| | 苏州 | 455 | 95 | 2012 | |
| 开发商 | 苏州高龙房产发展有限公司 | | | | |
| 设计方 | | | | | |
| 功能 | 写字楼、酒店、商业 | | | | |
| 武汉中心 | 城市 | 建筑高度/m | 层数 | 开工时间 | 竣工时间 |
| | 武汉 | 450 | 92 | 2012 | 2015 |
| 开发商 | 武汉王家墩中央商务区建设投资股份有限公司 | | | | |
| 设计方 | 美国SOM公司，中国建筑设计研究院，上海华东建筑设计研究院有限公司 | | | | |
| 功能 | 写字楼、酒店、商业 | | | | |
| (南京)奥体苏宁广场 | 城市 | 建筑高度/m | 层数 | 开工时间 | 竣工时间 |
| | 南京 | 438 | 88 | 2009 | |
| 开发商 | 苏宁集团 | | | | |
| 设计方 | Murphy/Jahn Architects | | | | |
| 功能 | 写字楼、酒店、商业 | | | | |
| 宁波中心 | 城市 | 建筑高度/m | 层数 | 开工时间 | 竣工时间 |
| | 宁波 | 400 | 90 | 2012 | |
| 开发商 | 杉杉、伊藤忠 | | | | |
| 设计方 | 美国SOM建筑设计事务所、浙江绿城建筑设计有限公司 | | | | |
| 功能 | 写字楼、酒店、住宅、商业 | | | | |
| 恒隆市府广场东塔 | 城市 | 建筑高度/m | 层数 | 开工时间 | 竣工时间 |
| | 沈阳 | 398 | 80 | 2010 | |
| 开发商 | 中国平安保险（集团）股份有限公司 | | | | |
| 设计方 | KPF建筑师事务所 | | | | |
| 功能 | 写字楼、酒店、商业 | | | | |

续表

| 裕景中心1号楼 | 城市 | 建筑高度/m | 层数 | 开工时间 | 竣工时间 |
|---|---|---|---|---|---|
| | 大连 | 384.2 | 76 | 2009 | |
| 开发商 | 裕景地产集团 | | | | |
| 设计方 | 美国NBBJ建筑事务所 | | | | |
| 功能 | 写字楼 | | | | |
| (贵阳)国际金融中心1 | 城市 | 建筑高度/m | 层数 | 开工时间 | 竣工时间 |
| | 贵阳 | 383.45 | 80 | 2009 | 2013 |
| 开发商 | 中天城投集团 | | | | |
| 设计方 | | | | | |
| 功能 | 写字楼 | | | | |
| (贵阳)国际金融中心2 | 城市 | 建筑高度/m | 层数 | 开工时间 | 竣工时间 |
| | 贵阳 | 380 | 80 | 2012 | 2015 |
| 开发商 | 中天城投集团 | | | | |
| 设计方 | | | | | |
| 功能 | 写字楼 | | | | |
| 龙光世纪中心 | 城市 | 建筑高度/m | 层数 | 开工时间 | 竣工时间 |
| | 南宁 | 380 | 80 | 2012 | 2015 |
| 开发商 | 南宁市龙光世纪房地产有限公司 | | | | |
| 设计方 | 刘荣广伍振民建筑师事务所、深圳奥意建筑工程设计有限公司 | | | | |
| 功能 | 写字楼、酒店 | | | | |
| 国贸中心 | 城市 | 建筑高度/m | 层数 | 开工时间 | 竣工时间 |
| | 大连 | 378 | 82 | 2012 | |
| 开发商 | 大连国贸中心大厦有限公司 | | | | |
| 设计方 | 大连市建筑设计研究院 | | | | |
| 功能 | 写字楼 | | | | |
| 河西金鹰天地A塔 | 城市 | 建筑高度/m | 层数 | 开工时间 | 竣工时间 |
| | 南京 | 366 | 86 | 2010 | |

续表

| | | | | | |
|---|---|---|---|---|---|
| 开发商 | 南京建邺金鹰置业有限公司 | | | | |
| 设计方 | 华东建筑设计研究院有限公司 | | | | |
| 功能 | 写字楼、酒店 | | | | |
| (苏州)绿地中心 | 城市 | 建筑高度/m | 层数 | 开工时间 | 竣工时间 |
| | 苏州 | 358 | 73 | 2012 | |
| 开发商 | 上海绿地集团 | | | | |
| 设计方 | 美国SOM建筑咨询设计有限公司 | | | | |
| 功能 | 写字楼、酒店、商业、住宅 | | | | |
| 恒隆市府广场西塔 | 城市 | 建筑高度/m | 层数 | 开工时间 | 竣工时间 |
| | 沈阳 | 358 | 75 | 2011 | 2016 |
| 开发商 | 恒隆地产 | | | | |
| 设计方 | Kohn Pedersen Fox Associates;P & T Group | | | | |
| 功能 | 写字楼、酒店 | | | | |
| 于家堡铁狮门金融广场 | 城市 | 建筑高度/m | 层数 | 开工时间 | 竣工时间 |
| | 天津 | 350.6 | 68 | 2009 | |
| 开发商 | 美国铁狮门公司 | | | | |
| 设计方 | | | | | |
| 功能 | 写字楼、酒店 | | | | |
| 金世纪大厦 | 城市 | 建筑高度/m | 层数 | 开工时间 | 竣工时间 |
| | 临沂 | 350 | | 2011 | |
| 开发商 | 临沂市金世纪房地产开发公司 | | | | |
| 设计方 | | | | | |
| 功能 | 写字楼、酒店、商业、住宅 | | | | |
| (厦门)国际中心主楼 | 城市 | 建筑高度/m | 层数 | 开工时间 | 竣工时间 |
| | 厦门 | 348 | 72 | 2012 | |
| 开发商 | 厦门源生置业有限公司 | | | | |
| 设计方 | 海现代设计院与北京Gensler设计院 | | | | |

续表

| 功能 | 写字楼 酒店 商业 | | | |
|---|---|---|---|---|
| **苏宁广场** | 城市 | 建筑高度/m | 层数 | 开工时间 | 竣工时间 |
| | 镇江 | 343.33 | 81 | 2012 | 2017 |
| 开发商 | 苏宁置业 | | | | |
| 设计方 | 罗麦庄马香港有限公司 | | | | |
| 功能 | 写字楼 酒店 商业、住宅 | | | | |
| **(九龙仓)国际金融中心2座** | 城市 | 建筑高度/m | 层数 | 开工时间 | 竣工时间 |
| | 长沙 | 341 | 77 | 2010 | |
| 开发商 | 九龙仓集团 | | | | |
| 设计方 | 香港王董建筑师事务有限公司 | | | | |
| 功能 | 写字楼、酒店、商业 | | | | |
| **(九龙仓)国际金融中心** | 城市 | 建筑高度/m | 层数 | 开工时间 | 竣工时间 |
| | 无锡 | 340 | 63 | 2012 | |
| 开发商 | 九龙仓集团 | | | | |
| 设计方 | 美国SOM建筑咨询设计有限公司 | | | | |
| 功能 | 写字楼、酒店 | | | | |
| **世奥中心A座** | 城市 | 建筑高度/m | 层数 | 开工时间 | 竣工时间 |
| | 青岛 | 339 | 68 | 2010 | |
| 开发商 | 世茂股份 青岛世奥 | | | | |
| 设计方 | | | | | |
| 功能 | 写字楼、商业、酒店 | | | | |
| **(重庆)国际金融中心** | 城市 | 建筑高度/m | 层数 | 开工时间 | 竣工时间 |
| | 重庆 | 339 | 78 | | |
| 开发商 | 香港新鹏基集团 | | | | |
| 设计方 | 李祖元 | | | | |
| 功能 | 写字楼、酒店、住宅、商业 | | | | |

续表

| 现代城（二期）A座 | 城市 | 建筑高度/m | 层数 | 开工时间 | 竣工时间 |
|---|---|---|---|---|---|
| | 天津 | 338.9 | 70 | 2010 | |
| 开发商 | 天津现代集团 | | | | |
| 设计方 | 美国SOM建筑咨询设计有限公司 | | | | |
| 功能 | 写字楼 | | | | |
| 南亚之门 | 城市 | 建筑高度/m | 层数 | 开工时间 | 竣工时间 |
| | 昆明 | 338 | 62 | 2009 | |
| 开发商 | 天地集团 | | | | |
| 设计方 | 华东建筑设计研究院有限公司 | | | | |
| 功能 | 写字楼 酒店 商业、住宅 | | | | |
| 现代传媒中心 | 城市 | 建筑高度/m | 层数 | 开工时间 | 竣工时间 |
| | 常州 | 333 | 83 | 2008 | |
| 开发商 | 常州广电置业有限公司 | | | | |
| 设计方 | 上海建筑设计院 | | | | |
| 功能 | 写字楼、酒店 | | | | |
| （天津）嘉里中心 | 城市 | 建筑高度/m | 层数 | 开工时间 | 竣工时间 |
| | 天津 | 333 | 58 | 2008 | 2013 |
| 开发商 | 天津嘉里房地产开发有限公司 | | | | |
| 设计方 | Skidmore Owings & Merrill | | | | |
| 功能 | 写字楼、酒店、住宅、商业 | | | | |
| （杭州）国际办公中心第1座 | 城市 | 建筑高度/m | 层数 | 开工时间 | 竣工时间 |
| | 杭州 | 333 | 71 | 2011 | |
| 开发商 | 恒利企业管理（杭州）有限公司 | | | | |
| 设计方 | | | | | |
| 功能 | 写字楼 | | | | |
| （珠海）十字门商务区一期 | 城市 | 建筑高度/m | 层数 | 开工时间 | 竣工时间 |
| | 珠海 | 331 | 71 | 2012 | |

续表

| 开发商 | 华发集团 | | | | |
|---|---|---|---|---|---|
| 设计方 | | | | | |
| 功能 | 写字楼、酒店 | | | | |
| （石家庄）国际会展中心 | 城市 | 建筑高度/m | 层数 | 开工时间 | 竣工时间 |
| | 石家庄 | 330 | 63 | 2011 | |
| 开发商 | 印尼力宝集团 | | | | |
| 设计方 | Woods Bagot | | | | |
| 功能 | 写字楼、酒店、商业 | | | | |
| 汉国城市商业中心 | 城市 | 建筑高度/m | 层数 | 开工时间 | 竣工时间 |
| | 深圳 | 330 | | 2012 | |
| 开发商 | 深圳市广海投资有限公司 | | | | |
| 设计方 | 美国SOM建筑咨询设计有限公司 | | | | |
| 功能 | 写字楼 酒店 住宅 商业 | | | | |
| 苏宁广场主楼 | 城市 | 建筑高度/m | 层数 | 开工时间 | 竣工时间 |
| | 无锡 | 329.4 | 80 | 2010 | 2014 |
| 开发商 | 苏宁环球集团 | | | | |
| 设计方 | | | | | |
| 功能 | 写字楼、酒店 | | | | |
| （南京）世界贸易中心1座 | 城市 | 建筑高度/m | 层数 | 开工时间 | 竣工时间 |
| | 南京 | 328 | 68 | 2009 | |
| 开发商 | 美国富顿集团 | | | | |
| 设计方 | 晋思（Gensler）建筑设计公司和香港王董国际 | | | | |
| 功能 | 写字楼、酒店 | | | | |
| （南昌）国际财源中心 | 城市 | 建筑高度/m | 层数 | 开工时间 | 竣工时间 |
| | 南昌 | 328 | 69 | 2010 | |
| 开发商 | 天润置地集团 | | | | |
| 设计方 | 美国SOM建筑咨询设计有限公司 | | | | |

| 雨润国际大厦 | 功能 | 写字楼、酒店 | | | |
|---|---|---|---|---|---|
| | 城市 | 建筑高度/m | 层数 | 开工时间 | 竣工时间 |
| | 淮安 | 327 | 72 | 2012 | |
| | 开发商 | 雨润集团和南京中商 | | | |
| | 设计方 | 美国凯里森、UDG上海联创 | | | |
| 世茂海湾1号 | 功能 | 写字楼、酒店、商业 | | | |
| | 城市 | 建筑高度/m | 层数 | 开工时间 | 竣工时间 |
| | 烟台 | 326.6 | 73 | 2011 | 2015 |
| | 开发商 | 世茂集团 | | | |
| | 设计方 | 王董建筑师事务所 | | | |
| 北外滩白玉兰广场 | 功能 | 写字楼、商业 | | | |
| | 城市 | 建筑高度/m | 层数 | 开工时间 | 竣工时间 |
| | 上海 | 323 | 57 | 2007 | |
| | 开发商 | | | | |
| | 设计方 | Marki建筑师事务所 | | | |
| 侨鸿滨江世纪广场主塔楼 | 功能 | 写字楼 酒店 商业 | | | |
| | 城市 | 建筑高度/m | 层数 | 开工时间 | 竣工时间 |
| | 芜湖 | 319.5 | 66 | 2006 | 2014 |
| | 开发商 | 芜湖侨鸿滨江世纪发展有限公司 | | | |
| | 设计方 | 南京市建筑设计研究院 | | | |
| 润华环球中心 | 功能 | 写字楼、酒店、住宅、商业 | | | |
| | 城市 | 建筑高度/m | 层数 | 开工时间 | 竣工时间 |
| | 常州 | 318 | 69 | 2011 | |
| | 开发商 | 常州润万嘉置业有限公司 | | | |
| | 设计方 | 华东建筑设计研究院有限公司 | | | |
| | 功能 | 写字楼 酒店 商业 | | | |

续表

| 河西金鹰天地B塔 | 城市 | 建筑高度/m | 层数 | 开工时间 | 竣工时间 |
|---|---|---|---|---|---|
| | 南京 | 318 | 72 | 2011 | |
| 开发商 | 南京建邺金鹰置业有限公司 | | | | |
| 设计方 | 华东建筑设计研究院有限公司 | | | | |
| 功能 | 写字楼 | | | | |
| 东方国际大酒店 | 城市 | 建筑高度/m | 层数 | 开工时间 | 竣工时间 |
| | 扬州 | 318 | 60 | 2012 | |
| 开发商 | 香港亚太(中国)投资有限公司 | | | | |
| 设计方 | | | | | |
| 功能 | 酒店、商业、住宅 | | | | |
| 启德国际金融中心 | 城市 | 建筑高度/m | 层数 | 开工时间 | 竣工时间 |
| | 济南 | 318 | 72 | 2011 | 2015 |
| 开发商 | 山东启德置业有限公司 | | | | |
| 设计方 | 约翰波曼公司 | | | | |
| 功能 | 写字楼、酒店、商业、住宅 | | | | |
| 九洲国际大厦 | 城市 | 建筑高度/m | 层数 | 开工时间 | 竣工时间 |
| | 南宁 | 318 | 58 | 2011 | 2016 |
| 开发商 | | | | | |
| 设计方 | | | | | |
| 功能 | 写字楼 酒店 商业 | | | | |
| 河西青奥中心2号楼 | 城市 | 建筑高度/m | 层数 | 开工时间 | 竣工时间 |
| | 南京 | 317.6 | 71 | 2011 | |
| 开发商 | 南京青奥城建设发展有限责任公司/南京奥体建设开发有限责任公司 | | | | |
| 设计方 | | | | | |
| 功能 | 写字楼、酒店 | | | | |
| 长富金茂大厦 | 城市 | 建筑高度/m | 层数 | 开工时间 | 竣工时间 |
| | 深圳 | 314 | 68 | 2012 | 2014 |

续表

| | | | | | |
|---|---|---|---|---|---|
| 开发商 | 福田保税区杨富实业有限公司 | | | | |
| 设计方 | 深圳市博艺建筑工程设计有限公司 | | | | |
| 功能 | 写字楼、商业 | | | | |
| （沈阳）茂业中心A | 城市 | 建筑高度/m | 层数 | 开工时间 | 竣工时间 |
| | 沈阳 | 311.6 | 68 | 2011 | |
| 开发商 | 深圳茂业集团 | | | | |
| 设计方 | 深圳市同济人建筑设计有限公司 | | | | |
| 功能 | 写字楼、酒店 | | | | |
| 财富中心 | 城市 | 建筑高度/m | 层数 | 开工时间 | 竣工时间 |
| | 沈阳 | 310.95 | 71 | 2008 | 2011 |
| 开发商 | 广州市城市建设开发有限公司 | | | | |
| 设计方 | 华南理工大学建筑设计院 | | | | |
| 功能 | 写字楼 | | | | |
| 东海商务中心 | 城市 | 建筑高度/m | 层数 | 开工时间 | 竣工时间 |
| | 深圳 | 310.95 | 71 | 2008 | 2011 |
| 开发商 | 深圳东海房地产发展有限公司 | | | | |
| 设计方 | 王欧阳（香港）有限公司 | | | | |
| 功能 | 住宅 | | | | |
| 珠江新城J2-2地块项目 | 城市 | 建筑高度/m | 层数 | 开工时间 | 竣工时间 |
| | 广州 | 308.6 | 82 | 2008 | 2012 |
| 开发商 | 合景泰富 | | | | |
| 设计方 | | | | | |
| 功能 | 写字楼 | | | | |
| 广发证券总部 | 城市 | 建筑高度/m | 层数 | 开工时间 | 竣工时间 |
| | 广州 | 308 | 67 | 2010 | 2014 |
| 开发商 | 广发证券股份有限公司 | | | | |
| 设计方 | 耶格设计公司 | | | | |

续表

| 功能 | 写字楼 | | | | |
|---|---|---|---|---|---|
| 新世界国际会展中心1号楼 | 城市 | 建筑高度/m | 层数 | 开工时间 | 竣工时间 |
| | 沈阳 | 308 | 62 | 2012 | |
| 开发商 | 香港新世界集团 | | | | |
| 设计方 | 刘荣广伍振民建筑师事务所(香港)有限公司 | | | | |
| 功能 | 写字楼、酒店 | | | | |
| 新世界国际会展中心2号楼 | 城市 | 建筑高度/m | 层数 | 开工时间 | 竣工时间 |
| | 沈阳 | 307.93 | 60 | 2009 | 2013 |
| 开发商 | 香港新世界集团 | | | | |
| 设计方 | 刘荣广伍振民建筑师事务所(香港)有限公司 | | | | |
| 功能 | 写字楼、酒店 | | | | |
| 亿佳合环球能源贸易中心 | 城市 | 建筑高度/m | 层数 | 开工时间 | 竣工时间 |
| | 鄂尔多斯 | 307.93 | 60 | 2009 | 2013 |
| 开发商 | 亿佳合能源股份有限公司 | | | | |
| 设计方 | 中国建筑科学研究院建筑设计院 | | | | |
| 功能 | 写字楼、酒店、住宅 | | | | |
| 地王国际财富中心 | 城市 | 建筑高度/m | 层数 | 开工时间 | 竣工时间 |
| | 柳州 | 305 | 74 | 2011 | |
| 开发商 | 广西地王投资集团有限公司 | | | | |
| 设计方 | | | | | |
| 功能 | 写字楼、酒店、商业 | | | | |
| 沙钢双子楼1 | 城市 | 建筑高度/m | 层数 | 开工时间 | 竣工时间 |
| | 苏州 | 303 | 68 | 2012 | |
| 开发商 | 沙钢宏润房地产开发有限公司 | | | | |
| 设计方 | 美国RTKL建筑设计规划公司 | | | | |
| 功能 | 写字楼 | | | | |

续表

| （无锡）茂业城二期 | 城市 | 建筑高度/m | 层数 | 开工时间 | 竣工时间 |
|---|---|---|---|---|---|
| | 无锡 | 303 | 72 | 2009 | 2012 |
| 开发商 | 深圳茂业集团 | | | | |
| 设计方 | 机械工程部深圳设计研究院 | | | | |
| 功能 | 写字楼、酒店、商业、住宅 | | | | |
| 朗豪酒店A座 | 城市 | 建筑高度/m | 层数 | 开工时间 | 竣工时间 |
| | 大连 | 302 | 74 | 2010 | |
| 开发商 | 香港鹰君集团 | | | | |
| 设计方 | | | | | |
| 功能 | 写字楼、酒店 | | | | |
| 东方之门 | 城市 | 建筑高度/m | 层数 | 开工时间 | 竣工时间 |
| | 苏州 | 301.8 | 77 | 2004 | |
| 开发商 | 天地集团、东方投资集团 | | | | |
| 设计方 | 英国RMJM建筑设计公司、香港奥雅纳程顾问公司和华东建筑设计研究院 | | | | |
| 功能 | 写字楼 酒店 住宅 商业 | | | | |
| 香江日航广场A栋 | 城市 | 建筑高度/m | 层数 | 开工时间 | 竣工时间 |
| | 深圳 | 300.8 | 62 | 2008 | 2012 |
| 开发商 | 深圳市香江置业有限公司 | | | | |
| 设计方 | 汕头大学工学院土木系风洞实验室 | | | | |
| 功能 | 写字楼、酒店、商业 | | | | |
| 世贸海峡大厦 A 塔 | 城市 | 建筑高度/m | 层数 | 开工时间 | 竣工时间 |
| | 厦门 | 300 | 54 | 2010 | |
| 开发商 | 福建世茂新里程房地产开发有限公司 | | | | |
| 设计方 | | | | | |
| 功能 | 写字楼 酒店 商业 | | | | |
| 世贸海峡大厦B塔 | 城市 | 建筑高度/m | 层数 | 开工时间 | 竣工时间 |
| | 厦门 | 300 | 54 | 2010 | |

续表

| 开发商 | 福建世茂新里程房地产开发有限公司 | | | | |
|---|---|---|---|---|---|
| 设计方 | | | | | |
| 功能 | 写字楼 酒店 商业 | | | | |
| 绿地·普利中心 | 城市 | 建筑高度/m | 层数 | 开工时间 | 竣工时间 |
| | 济南 | 300 | 60 | 2010 | |
| 开发商 | 上海绿地集团山东置业有限公司 | | | | |
| 设计方 | 华东建筑设计研究院有限公司 | | | | |
| 功能 | 写字楼、酒店 | | | | |
| 升龙环球中心 | 城市 | 建筑高度/m | 层数 | 开工时间 | 竣工时间 |
| | 福州 | 300 | 57 | 2012 | |
| 开发商 | 福建升龙地产 | | | | |
| 设计方 | 美国SOM建筑师事务所 | | | | |
| 功能 | 写字楼、商业、住宅 | | | | |
| （九龙仓）国际金融中心 | 城市 | 建筑高度/m | 层数 | 开工时间 | 竣工时间 |
| | 重庆 | 300 | 64 | 2012 | 2015 |
| 开发商 | 香港九龙仓集团和中海地产 | | | | |
| 设计方 | | | | | |
| 功能 | 写字楼 | | | | |
| 星河雅宝地标 | 城市 | 建筑高度/m | 层数 | 开工时间 | 竣工时间 |
| | 深圳 | 300 | 68 | 2012 | |
| 开发商 | 星河集团 | | | | |
| 设计方 | | | | | |
| 功能 | 写字楼、酒店、商业、住宅 | | | | |
| 蓝鼎国际大酒店 | 城市 | 建筑高度/m | 层数 | 开工时间 | 竣工时间 |
| | 合肥 | 300 | 62 | 2012 | |
| 开发商 | 蓝鼎集团 | | | | |
| 设计方 | | | | | |

续表

| 功能 | 酒店 | | | | |
|---|---|---|---|---|---|
| 华府天地二期A座 | 城市 | 建筑高度/m | 层数 | 开工时间 | 竣工时间 |
| | 沈阳 | 300 | | 2012 | |
| 开发商 | 香港上置集团和沈阳华锐集团 | | | | |
| 设计方 | | | | | |
| 功能 | 写字楼、酒店、商业、住宅 | | | | |

注：1.截至2012年5月1日，沈阳茂业中心A、无锡茂业城二期、东海商务中心已结构封顶。
　　2.本部分统计不包括台湾、香港、澳门地区。

# 附录三：我国规划中的摩天大楼统计（高度300m 以上）

| 编号 | 名称 | 城市 | 建筑高度/m | 层数 |
|---|---|---|---|---|
| 1 | 苏州中心广场南塔 | 苏州 | 729 | 147 |
| 2 | 十字门商务中心 | 珠海 | 680 | 140 |
| 3 | 钻石大厦 | 广州 | 650 | 132 |
| 4 | 天龙财富中心 | 南宁 | 628 | 108 |
| 5 | 广州国际金融城 | 广州 | 600 | |
| 6 | 华成国际大厦 | 昆明 | 558 | 108 |
| 7 | 中国尊 | 北京 | 528 | 108 |
| 8 | 江北嘴金融大厦 | 重庆 | 520 | 130 |
| 9 | 温州国际金融中心 | 温州 | 508 | 101 |
| 10 | 华润总部 | 深圳 | 500 | |
| 11 | 小白楼联合广场 | 天津 | 488 | 90 |
| 12 | 东莞名家具总部大厦 | 东莞 | 480 | 102 |
| 13 | 横琴总部大厦 | 珠海 | 468 | 106 |
| 14 | 长沙国际金融中心 | 长沙 | 452 | 84 |
| 15 | 苏州中心广场北塔 | 苏州 | 450 | |
| 16 | 沈阳宝能中心 | 沈阳 | 450 | |
| 17 | 武汉恒大环球金融中心 | 武汉 | 438 | 90 |
| 18 | 龙之梦亚太城 | 沈阳 | 430 | 98 |
| 19 | 华府天地1座 | 沈阳 | 426 | 96 |
| 20 | CBD核心区汇丰大厦 | 北京 | 400 | |

续表

| 编号 | 名称 | 城市 | 建筑高度/m | 层数 |
|------|------|------|------------|------|
| 21 | 南通中心大厦 | 南通 | 400 | 88 |
| 22 | 东莞国际中心 | 东莞 | 398 | |
| 23 | 国际金融中心 | 南宁 | 386 | 96 |
| 24 | 沪宁新城国际金融中心 | 无锡 | 381 | |
| 25 | 重庆俊豪中心 | 重庆 | 380 | |
| 26 | 常州新龙国际商务城商务中心 | 常州 | 380 | |
| 27 | 中粮广场大厦 | 天津 | 380 | |
| 28 | 岗厦之心 | 深圳 | 375 | |
| 29 | 徐家汇中心 | 上海 | 370 | |
| 30 | 国家金融信息大厦 | 北京 | 360 | |
| 31 | 恒大中心 | 临沂 | 360 | |
| 32 | 广州南站中轴双塔 | 广州 | 359 | 80 |
| 33 | 无锡世茂国际广场1 | 无锡 | 358 | |
| 34 | 江阴盈智城汇智广场1 | 无锡 | 358 | |
| 35 | 江阴盈智城汇智广场2 | 无锡 | 358 | |
| 36 | 重庆来福士1 | 重庆 | 350 | |
| 37 | 重庆来福士2 | 重庆 | 350 | |
| 38 | 广州保利琶洲村项目 | 广州 | 350 | 80 |
| 39 | 温州鹿城广场 | 温州 | 350 | 77 |
| 40 | 东盟广西市长大厦 | 南宁 | 349.8 | 84 |
| 41 | 佛山苏宁广场 | 佛山 | 340 | 90 |
| 42 | 深圳鹏瑞中心 | 深圳 | 336 | |
| 43 | 文华东方酒店 | 城都 | 333 | 73 |
| 44 | 北京通州滨河酒店 | 北京 | 330 | 80 |
| 45 | 武汉长江航运中心大厦 | 武汉 | 330 | 63 |

续表

| 编号 | 名称 | 城市 | 建筑高度/m | 层数 |
|------|------|------|-----------|------|
| 46 | 中粮深圳大悦城 | 深圳 | 328 | |
| 47 | 绿地中心1座 | 青岛 | 327.3 | 78 |
| 48 | 信和北滨路项目 | 重庆 | 320 | |
| 49 | 汉京中心 | 深圳 | 320 | |
| 50 | 通州塔 | 北京 | 318 | |
| 51 | 世茂广场1 | 郑州 | 318 | |
| 52 | 彩虹之门 | 北京 | 315 | |
| 53 | 无锡世茂国际广场2 | 无锡 | 308 | |
| 54 | 平安国际金融中心副楼 | 深圳 | 307 | |
| 55 | 深业物流中心 | 深圳 | 300 | 69 |
| 56 | 大冲万象城 | 深圳 | 300 | |

注：本部分统计不包括香港、澳门和台湾地区，统计截止时间为2012年11月1日

# 参考文献

[1] Barclays Capital. Skyscraper Index: Bubble Building. Equity Research，2012, 10.

[2] Clark, W. C. and Kingston, J. L. The Skyscraper: A Study in the Economic Height of Modern Office Buildings. American Institute of Steel Constructions: New York，1930.

[3] CTBUH. Tall Building in Numbers. CTBUH Journal，2008（II）.

[4] CTBUH. Tall Building in Numbers. CTBUH Journal，2010（IV）.

[5] CTBUH. The Economics of High-rise . CTBUH Journal，Issue III，2010.

[6] Davis Langdon .Tall Buildings：A Strategic Design Guide. http://www.davislangdon.com/upload/StaticFiles/EME%20Publications/Tall%20Buildings%20publications/BCO%20Strategic%20Guide%20-%20Cost%20Section.pdf .

[7] http://science.howstuffworks.com/engineering/structural/wtc2.htm.

[8] http://www.gaoloumi.com/.

[9] http://www.som.com/ .

[10] http://www.ebscn.com/index.html.

[11] http://www.franshion.com/ .

[12] Jason Barr. Skyscraper height. Presented at the NBER Summer Institute Workshop on the Development of the American Economy，2008.

[13] Jong-San Lee，Hyun-Soo Lee，Moon-Seo Park. schematic Cost Estimating Model for Super Tall Building Using a Hight-rise Premium Ratio. Canadian Journal of Civil Engineering, 2011.

[14] Lawrence Andrew. The Curse Bites: Skyscraper Index Strikes. Property Report，Dresdner Kleinwort Benson Research (March 3)，1999.

[15] Lawrence Andrew. The Skyscraper Index: Faulty Towers!Property Report，Dresdner Kleinwort，Benson Research (January 15)，1999.

[16] Louis Sullivan. The Tall office Building Artistically Considered. Lippincott's Magazine , 1896, (3).

[17] Mark Thornton. Skyscrapers and Business Cycles. The Quarterly Journal of Austrian Economics，2005. 8(1).

[18] 陈新焱 .“与北京保持一致高度”的华西村大楼 . 南方周末 , 2011, 11(2).

[19] 楚天金报 . 武汉“第一高楼”见证时代变迁 .2010-11-02.

[20] 重庆商报 .“山城拇指”立起来了，重庆第一高楼变迁之多少？ 2012-4-1.

[21] CCTV 经济信息联播 . 上海环球金融中心调查 .2010. http://finance.sina.com.cn/roll/20101211/22419092317.shtml.

[22] 董继平 . 世界著名建筑的故事 . 重庆大学出版社 , 2009.

[23] 杜琨 天津第一高楼的变迁 . 今晚报 , 2012-8-9.

[24] 高桥俊介 . 巨型建筑设计之谜 . 姚淑娟译 . 山东画报出版社 , 2011.

[25] 高楼迷论坛 . http://www.gaoloumi.com/.

[26] 福州第一高住宅楼电梯停了 业主被迫天天爬楼 . 东南网 , 2012-12-30. 在线：http://fj.qq.com/a/20121230/000009.htm.

[27] 张佳屏整理 . 广州第一高楼的变迁史回顾，从白云宾馆到西塔，搜房网，2009-9-4.

[28] 顾学文 . 丑陋的建筑在诉说什么——对话中国科学院院士、同济大学建筑与城市空间研究所所长郑时龄 . 解放日报 , 2012-9-28.

[29] 江南时报网 . 不断向上生长的城市，南京"第一高楼"变迁记 . 2008-10-4.

[30] 黎笙，宇兰，万丽娟著 . 中国高度—解密 606 米世界第三高楼 . 北京：中国轻工业出版社，2012.

[31] 刘鉴强 . 不能把摩天大楼当做可供炫耀的东西 . 权威论坛，2002(87)：44-46.

[32] 南京一高楼外墙太脏 城管开出"洗脸"罚单 . 扬子晚报 , 2012-12-31. 在线：http://www.chinanews.com/fz/2012/12-31/4449351.shtml.

[33] 任宏，王林 . 中国房地产泡沫研究 . 重庆大学出版社，2008.

[34] 上海名建筑志 . 上海地方志办公室 . 上海社会科学出版社，2005.

[35] 上海名建筑志 . 上海地方志办公室 . 上海社会科学出版社，2005:102-104.

[36] 覃力 . 建筑高度发展史略 . 新建筑，2002, (1).

[37] 王齐 . 写字楼激增，陆家嘴交通承压 . 东方早报，2011-8-31.

[38] 王伍仁，罗能钧著 . 上海环球金融中心工程总承包管理 . 北京：中国建筑工业出版社，2009.

[39] 徐剑桥，胡亚柱 . 中国城市高楼暗战：赢得形象，失掉效益 . 经济纵横，2009.

[40] 徐香梅 . 现代化不等于摩天大楼 . 新观察，2009.

[41] 徐学成 . 回报周期或达 20 年广州"世界第二高楼"恐难产 [N]. 每日经济新闻，2011-12-29.

[42] 徐一龙 . 谁的建筑 . 中国周刊，2012-5.

[43] 杨熠 . 危楼高百尺——北京超高层建筑的是与非 . 特别企划，2011.

[44] 尹朝阳，付倩 . 现代建筑的风水元素及心理分析 . 湖北美术学院学报，2011.

[45] 张玉良 . 把超高层插遍全国 . 东方早报，2012, 7(12).

[46] 中国高楼热，各地争建高楼 . 环球网，2010-1-5.
http://history.huanqiu.com/txt/2010-01/679971_13.html